Deepen Your Mind

前言

早在 20 世紀 90 年代日本就出現了虛擬偶像並進行專輯發售，後來基於音樂軟體製作的 3DCG 的「初音未來」被稱為虛擬偶像的成功典範。近年來，隨著短影音平台和直播帶貨行業的興起，透過繪畫、3D 建模等結合動作捕捉或人工智慧的方式建立起來的虛擬偶像和網紅越來越多地出現在人們的視野，吸引著越來越多的人參與虛擬偶像網紅的推崇和製作。目前虛擬偶像實現方式上主要有兩大流派，基於動作捕捉的實現和基於人工智慧的方式。由於傳統的基於動作捕捉的方式硬體成本昂貴，入門門檻較高，普通人難以企及，所以越來越多的人和團隊開始採用人工智慧的實現方法。

遺憾的是，中文虛擬人物 \ 偶像書籍的短缺限制了廣大普通讀者的創作，網路上雖然能夠找到一些資料，但大多是一些碎片化的資訊，對讀者的幫助十分有限。基於此，本書從基本的概念入手，原理結合實踐，對虛擬人物 \ 偶像製作流程及其用到的建模工具和人工智慧技術進行詳細介紹，包括 3D 建模的基本方式、基於 TensorFlow 和 PyTorch 的人工智慧框架以及透過影片和即時串流輸入生成表情遷移後的虛擬人物，結合語音辨識、人機對話引擎和口型匹配演算法等生成自己專屬的帶有互動屬性的虛擬人物和偶像，旨在達到降低學習門檻、人人都可以上手的效果。

本書主要包含三部分：第一部分是基礎理論部分，從行業現狀和發展趨勢的角度來介紹什麼是虛擬偶像以及應用的行業，同時對目前業界主流的虛擬偶像實現方式進行概述，讓讀者對此有一個清晰全面的認識；第二部分是應用實踐，介紹基於 Python 的 TensorFlow 和 PyTorch 的機器學習框架的演算法實現部分，從動作同步、表情遷移以及口型同步等方法介紹作為基礎的框架技術；第三部分是專案實踐，介紹 2D 和 3D 虛擬偶像的實現方式，完整展示從零到一的製作流程。

本書深入淺出，實操性和系統性強，適合有一定 IT 背景並對虛擬產業關注的讀者們使用。

限於編者水準所限，書中難免存在不當之處，敬請業界專家和讀者們批評指正。

最後特別感謝王金柱編輯給予的幫助和指導，以及好友的支持和鼓勵。

馬健健

目錄

01 虛擬偶像概述

02 Python 基礎入門

03 常用的機器學習框架介紹

04 虛擬偶像模型創建工具

05 如何創造虛擬偶像

06 基於 2D 的虛擬偶像實現方案

07 基於 3D 的虛擬偶像實現方案

A 參考文獻

Chapter

01

虛擬偶像概述

2020 年，虛擬偶像伴隨著各種文創產品形態加速進入公開場合，形成了明顯的突破效應，開始成為一種新興大眾文化。在疫情的影響下，虛擬偶像與直播結合成為新的風向，騰訊、愛奇藝、字節跳動、嗶哩嗶哩等紛紛下場，QQ 炫舞、RICH BOOM 等各種 IP 和廠牌層出不窮，虛擬偶像呈現突破之勢，可以說是虛擬偶像元年。隨著虛擬偶像影響力的提升，其代表的年輕、時尚、二次元等形象同時也在跨越次元壁，串聯起線上和線下多場景，逐漸形成一種趨勢。

本章將介紹虛擬偶像的概念、發展歷程、現狀和未來，以讓讀者對虛擬偶像有一個初步的了解。

1.1 什麼是虛擬偶像

虛擬偶像是指透過繪畫、音樂、動畫、CG（Computer Graphics，電腦繪圖）等技術方法製作，在網際網路等虛擬場景具象出來從事演藝活動、本身並不以實體形式存在的人物形象。受技術迭代的影響，虛擬偶像的樣態經過了多次演進，從最初以語音合成軟體支撐的「紙片人」演變為可動的 3D 形象，再到全息投影的即時唱跳表演，虛擬偶像正在打破二次元和三次元的界限。

從廣義上來說虛擬形象、動漫角色、虛擬歌手、虛擬藝人、虛擬主播等都可以劃分到虛擬偶像範圍。虛擬偶像產業鏈的不斷完善，以及虛擬偶像解決方案提供商和營運商的技術突破，讓虛擬偶像的製作成本不斷降低，同時直播電子商務、短影片等行業的爆發式增長為虛擬偶像提供了更多的商業變現模式。目前虛擬偶像根據技術和投入主要分為三個層次，如圖 1-1 所示。

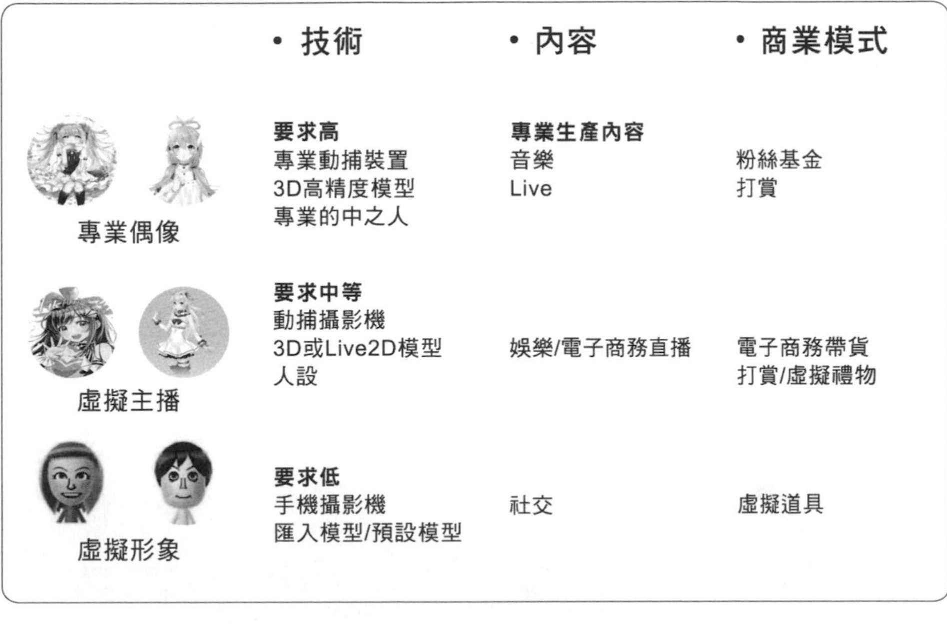

▲ 圖 1-1 虛擬偶像的層次

專業偶像是以「初音未來」和「洛天依」為代表的頂級虛擬偶像，不但透過採用行業最頂級的動作捕捉、3D 建模等技術給使用者提供最好的視聽體驗，而且背後的中之人（虛擬偶像背後的真人演員）以及圍繞虛擬偶像打造的音樂、虛擬劇、LIVE 演出等衍生內容等都採用最好的技術。頂級虛擬偶像以虛擬形象表演，其人設由官方和粉絲共同塑造，商業模式也接近於傳統偶像，透過粉絲經濟變現。

比較常見的虛擬偶像如虛擬主播，虛擬主播是以「絆愛」和「小艾」為代表的主播型偶像。虛擬主播對技術的要求相對較低，虛擬形象和聲優同步配音在直播間與觀眾互動，主要以娛樂和電子商務直播為主。商業模式主要是電子商務帶貨和虛擬禮物打賞。

虛擬形象以訂製形象為代表，技術要求較低，只需要裝置匯入模型即可，商業模式主要以虛擬物品的售賣為主。

1.2 虛擬偶像的發展歷程

虛擬偶像的發展與製作技術的進步密不可分，從最早的手繪技術到 CG 技術，再到人工智慧合成技術，大致經歷了萌芽、探索、初級和成長四個時期，如圖 1-2 所示。

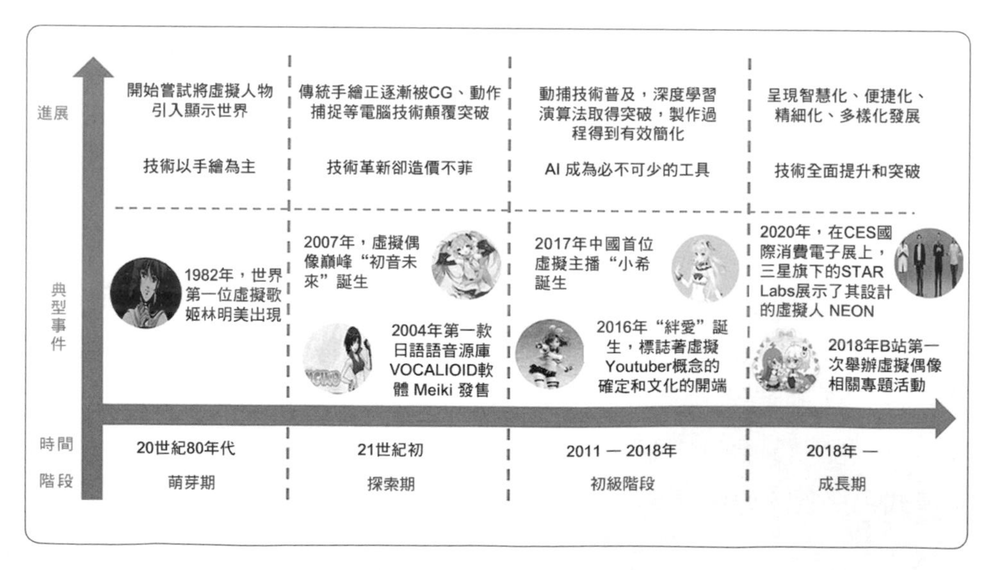

▲ 圖 1-2 虛擬偶像發展歷程

20 世紀 80 年代，人們嘗試將二次元人物引入現實世界中，虛擬偶像步入萌芽期，該時期以手工繪製為主，應用範圍有限。1982 年播出的動漫《超時空要塞》主角林明美的形象是宇宙歌姬，透過歌聲感化敵人，並最終贏得了星級大戰的勝利，也成就了林明美偶像的身份。1984 年，動畫製作方以林明美的形象製作發佈音樂專輯，並打入日本知名音樂 Oricon 榜單。作為動漫人物，林明美由此成為第一位虛擬歌姬。

21 世紀初，傳統手繪被 CG、動作捕捉等技術逐步取代，虛擬偶像步入探索期。該時期虛擬偶像逐漸達到實用水準，但造價不菲，主要出現在影視娛樂行業。2003 年日本樂器製造商山葉公司推出了電子音樂製作語音合成軟體 Vocaloid，透過輸入音調和歌詞就可以合成人類聲音的歌聲。Vocaloid 試圖解決「好的曲子同樣需要好的表演者才能演唱出來」的問題，讓創作者透過偵錯工具唱出歌來。因為是電腦合成聲音，所以讓聲音沒有了理論上的限制，大大降低了音樂創作門檻，在 Vocaloid 生態裡誕生了成千上萬的作品。2007 年，日本製作的虛擬偶像「初音未來」一炮而紅，引領了 Vocaloid 產業近十年的繁榮。「初音未來」是二次元風格的少女偶像，早期人物形象主要採用 CG 技術合成，人物聲音採用 Vocaloid 語音合成，呈現形式相對比較粗糙。「初音未來」的獨特之處在於奠定了虛擬偶像養成型的孵化模式，讓粉絲直接參與創造價值並在線上分享和傳播。

2011 年後，動作捕捉技術的普及以及深度學習演算法的突破讓虛擬偶像的製作過程得到有效簡化，逐漸步入正軌，進入初級階段。虛擬偶像作為智慧財產權和自身形象的代替以及跨媒體的概念持續發展，開始出現了一些使用虛擬偶像開展活動的個人和企業，並使其概念和營運模式得到進一步探索和推廣。2016 年 12 月「絆愛」在 YouTube 上發佈了自我介紹影片，標誌著虛擬 YouTuber（Virtual YouTuber）概念的確定和文化的開端。經過數年發展，目前全球內曾出現過的虛擬 YouTuber 已達上萬名，其作品、活動和粉絲文化發展出極高的多樣性，形成了獨特的網路文化。2017 年生活在虛擬次元的第一代人工智慧「小希」誕生，成為中國大陸第一位虛擬 Up（Virtual Uploader）主。

2018 年 bilibili（嗶哩嗶哩）第一次舉辦虛擬偶像相關專題活動，共有 18 位 VUP 參加。除了網際網路大廠、資本、平台紛紛加大投入外，虛擬偶像也根據不同的商業定位和市場需求演化細分出更多賽道，為虛擬偶像的發展注入了多樣性。2018 年後，虛擬偶像文化迅速發展並成為網路文化熱點，虛擬主播數快速增長，先後出現了彩虹社、ENTUM、LIVE、hololive、Unlimited 等業內知名事務所和組織。虛擬偶像朝著智慧化、便捷化、精細化、多樣化發展，步入成長期。

2021 年 Facebook 和 Microsoft 等巨頭大舉進入元宇宙（metaverse）行業，其核心有區塊鏈，互動式體驗以及 AR/VR 技術，從互動體驗的角度來說，擬人化的虛擬人物 Avatar 拉近了社交距離。元宇宙概念下的虛擬化身和強互動，進一步引領了虛擬人物創建技術的熱潮。

1.3 虛擬偶像的現狀和行業應用

一個行業發展時，技術是促進或限制其快速發展的利器或瓶頸。在傳統的手工動畫時代，虛擬偶像的實現需要大量的人力，其帶動效應和發展潛力是需要慢慢沉澱和培養的，受制於技術限制，很難大規模地曝光和產生互動。後來隨著技術的革新、人物建模軟體和各種動作捕捉硬體的推出，虛擬偶像的創作便利性大增，但是對創作者仍有較高的要求，比如模型建立和人物繪畫的藝術性素養的要求和動輒上百萬的光學捕捉裝置，僅處於大公司的考慮範圍內。近年來 AR/VR 和快速建模工具的推出、基於人工智慧的動作捕捉、面部表情遷移解決方案使得虛擬偶像的門檻大幅度降低，並且隨著短影音平台的風行有了豐富的曝光機會和通路。中小公司甚至個人小團隊開發者從技術的趨勢找到發展的機會。

技術的實現只是最低門檻，若想進行持續的發展則需對虛擬偶像的營運和 IP 定位擁有良好的規劃。在此期間，透過人物的創作以及人設的打造實現人氣的累積，透過代言、直播等通路完成商業價值的表現。另外，相較於真人偶像，虛擬偶像具有自己的特點和優勢，比如互動型強、曝光不受限制、不會產生負面新聞等。它的可控性強，可以定義打造符合特定群眾的人設。

1.4 小結

近年來正處於虛擬偶像經濟的黃金時代，國內外的虛擬偶像已經扛起了直播、代言、帶貨等之前真人偶像的職能。目前行業內主要有兩種實現方式：第一種是借助付費商業化軟體來實現；另一種是結合開放原始碼解決方案，並且根據 2D 和 3D 的呈現方式完成二次元合擬人態的實現。整體來説，付費商業化軟體效果較好、成本較高，比較適合中大型公司，主要包含偶像模型建構、面部捕捉追蹤、身體姿態捕捉等功能，並應用到虛擬偶像人物的動作和姿態上。

從開放原始碼實現方案上劃分，可以將虛擬偶像分為驅動靜態圖片和3D模型兩類：對於驅動靜態圖片頭部運動，業界上已經有 First Order Motion Model 演算法；對於驅動 3D 模型身體運動，常用的是透過 OpenPose 獲取串流中的節點資料，並結合 Unity 或 Unreal Engine 來完成。關於人物模型建構方面，除了對 Live2D 工具介紹之外，還會對常見的 3D 建模工具 Blender 等進行講解。另外，還會對這裡要使用的 TensorFlow、PyTorch 等機器學習框架以及 OpenPose 或其他姿態估計演算法介紹。

Chapter

02

Python 基礎入門

在本書後面介紹的虛擬偶像人工智慧解決方案中會涉及程式撰寫，因此讀者需要掌握一種程式語言。目前在人工智慧領域使用最廣泛的程式語言是 Python，因此本章將介紹 Python 最基礎的程式設計語法和相關程式設計方法。

2.1 架設 Python 程式設計環境

Python 是一種直譯型語言，廣泛應用於 Web 開發、網路爬蟲、巨量資料分析和機器學習等。

20 世紀 90 年代，Guido van Rossum 在荷蘭國家數學和電腦科學研究所設計出了 Python 語言。Python 是由 ABC、Algol-68、Modula-3、C、C++、SmallTalk 和其他指令碼語言發展而來的。

Python 是一種物件導向的、直譯型的、通用的、開放原始碼的指令稿程式語言。Python 簡單好用、學習成本較低、功能強大，標準函數庫和第三方庫眾多，因此獲得了廣泛的應用。

本節我們以 Python 3.x 為例，介紹其安裝方法和初步使用。

2.1.1 Python 軟體的安裝

要使用 Python 來撰寫程式，首先要安裝 Python 軟體。

Python 最新原始程式、二進位文件等可以在 Python 官網查看，如圖 2-1 所示。

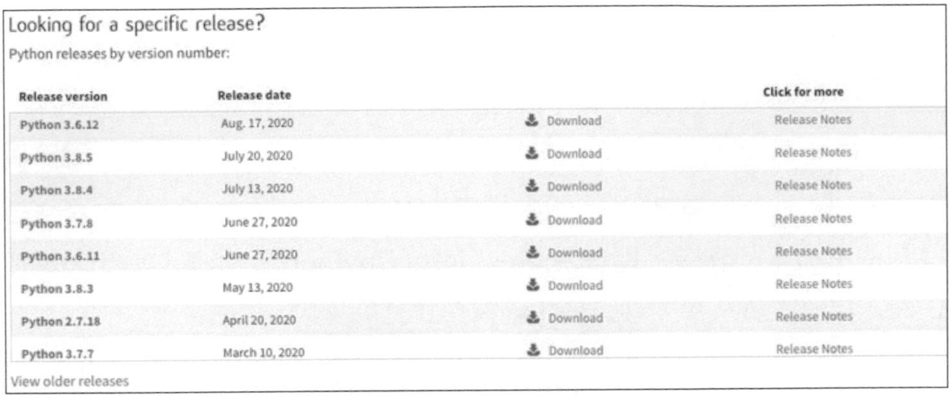

Looking for a specific release?

Python releases by version number:

Release version	Release date		Click for more
Python 3.6.12	Aug. 17, 2020	Download	Release Notes
Python 3.8.5	July 20, 2020	Download	Release Notes
Python 3.8.4	July 13, 2020	Download	Release Notes
Python 3.7.8	June 27, 2020	Download	Release Notes
Python 3.6.11	June 27, 2020	Download	Release Notes
Python 3.8.3	May 13, 2020	Download	Release Notes
Python 2.7.18	April 20, 2020	Download	Release Notes
Python 3.7.7	March 10, 2020	Download	Release Notes

View older releases

▲ 圖 2-1 Python 下載頁面

1. Windows 下的 Python 安裝

在 Python 下載頁面下載 Windows 版本的安裝套件，格式為 python-xyz.msi，其中 xyz 是安裝的版本編號，下載完成即可安裝。

2. Linux 系統下的 Python 安裝

Linux 發行版本眾多，大多數都預設支持 Python 環境。這裡以 Ubuntu 為例說明如何在 Linux 下安裝 Python 3。在 Ubuntu 環境下，可以直接使用套件管理命令 apt-get 和 pip（pip 是 Python 的安裝管理擴充函數庫的工具）進行安裝和升級。

（1）使用 pip install 命令安裝第三方庫：

```
sudo apt-get install python-pip
```

（2）使用 apt-get 命令安裝 Python：

```
sudo apt-get install python-dev
```

3. Mac OS 下的 Python 安裝

Mac OS X 10.8 以上的系統預先安裝了 Python 2.7，可以在終端透過 python –v 命令查看 Python 版本。安裝 Python 3 版本有兩種方式：一種是使用命令列安裝，即使用 brew install python 3 命令自動安裝，然後設定環境變數；另一種是使用安裝套件進行安裝。

在 Mac OS 下安裝完 Python 後，Python 版本仍然是之前的預設版本，需要設定才能更新為最新版本。環境變數設定如下：

（1）在命令列中輸入 "which python 3" 獲取輸入路徑。

（2）在 .bash_profile 檔案中增加 Python 3 的安裝路徑：

```
# Setting PATH for Python 3.9
PATH="/Library/Frameworks/Python.framework/Versions/3.9/bin:${PATH}"

export  PATH

alias python="/Library/Frameworks/Python.framework/Versions/ 3.9/bin/
python3"
```

（3）讓檔案生效：

```
source ~/.bash_profile
```

2.1.2 撰寫第一個 Python 程式

1. 互動式程式設計

Python 是直譯型語言，可以透過 Python 的互動模式直接撰寫程式。在 Linux 中，可以直接在命令列中輸入 Python 命令啟動互動式程式設計：

```
xxx@xxx~ % python
Python 3.9.4 (v3.9.4:1f2e3088f3, Apr  4 2021, 12:32:44)
[Clang 6.0 (clang-600.0.57)] on darwin
Type "help", "copyright", "credits" or "license" for more information.
>>>
```

然後在提示符號中輸入以下文字資訊：

```
>>>  print("Hello, Python 3.9")
```

最後按 Enter 鍵查看運行效果，輸出結果如下：

```
Hello, Python 3.9
```

2. 指令稿式程式設計

透過指令稿參數呼叫解譯器執行指令稿，直到指令稿執行完畢。當指令稿執行完成後，解譯器不再有效。所有 Python 檔案都是以 .py 為副檔名的，下面寫一個簡單的 Python 指令檔。首先新建一個 hello.py 檔案，然後輸入以下程式：

```
#hello world.py
#!/usr/bin/env python

print("hello World")
```

保存成功後，在命令列中運行該檔案，就可以看到執行後的資訊：

```
xxx@xxx~ % python hello.py
hello World
```

2.1.3 Python 命名規範

Python 中的識別字是由字母、數字、底線組成的，需要遵守以下命名規則：

- 識別字由字元（A～Z 和 a～z）、底線和數字組成，但首字元不能是數字。
- 識別字不能與 Python 中的保留字相同。
- 識別字中不能包含空格、@、% 以及 $ 等特殊字元。
- 識別字是嚴格區分大小寫的，如果兩個單字的大小寫格式不一樣，那麼代表的意義也是完全不同的。
- 識別字以底線開頭具有特別的含義：以單底線開頭的識別字表示不能直接存取的類別屬性，以雙底線開頭的識別字表示類別的私有成員，以雙底線為開頭和結尾的識別字是專用識別字。

2.1.4 Python 關鍵字

關鍵字是 Python 語言中已經被指定特定意義的單字，不能作為常數、變數或其他任何識別字的名稱。表 2-1 中展示了 Python 的常用關鍵字。

表 2-1 Python 常用關鍵字

關鍵字	關鍵字	關鍵字
assert	finally	or
and	exec	not
assert	finally	or
break	for	pass
class	from	print
Continue	global	raise
def	if	return
del	import	try
elif	in	while
else	is	with

2.2 Python 資料型態

變數是儲存在記憶體中的值，創建時會在記憶體中開闢一個空間。變數可以處理不同資料型態的值。Python 的基底資料型態包括數字和字串，內建資料型態包括串列、元組、字典等，如表 2-2 所示。

表 2-2 Python 基底資料型態

資料型態	例子
數字	100，3.1415，1+2j
字串	"Hello World"
串列	[1,2,3,4]
字典	{"name": "lucy"}
元組	(1, 2, 3, 4)
其他	None、布林型、集合

2.2.1 數字類型

數字類型是用於儲存數值的，在 Python 中有 5 種：整數、浮點數、布林值和複數。

1. 整數

整數是沒有小數部分的數字，在 Python 中包括正整數、0 和負整數。在 Python 中，可以使用多種進制來表示整數：

- 十進位：由 0～9 共 10 個數字組合，無首碼。
- 二進位：由 0 和 1 兩個數字組成，使用 0b 或 0B 做首碼。
- 八進制：由 0～7 共 8 個數字組成，使用 0o 或 0O 做首碼。
- 十六進位：由 0～9 共 10 個數字以及 A～F（或 a～f）共 6 個字母組成，使用 0x 或 0X 做首碼。

程式清單 2-1 Python 整數的常用操作

```
# 整數類型定義
x = 6
print("x:", x)
y = 0
print("y:", y)
z = -6
print("y", z)
print("x type is: ", type(x))

# 二進位
bin_1 = 0b110
bin_2 = 0B110
print("bin_1 = ", bin_1)
print("bin_2 = ", bin_2)

# 八進位
oct_1 = 0o16
oct_2 = 0O66
print("oct_1 = ", oct_1)
print("oct_2 = ", oct_2)

# 十六進位
hex_1 = 0x45
hex_2 = 0x4Af
print("hex_1 = ", hex_1)
print("hex_2 = ", hex_2)
```

程式執行結果（都是十進位整數）如下：

```
x: 6
y: 0
y -6
x type is:  <class 'int'>
```

```
bin_1 =  6
bin_2 =  6
oct_1 =  14
oct_2 =  54
hex_1 =  69
hex_2 =  1199
```

2. 浮點數

浮點數由整數部分和小數部分組成，在 Python 中的浮點數可以看作是數學裡面的小數。Python 中的浮點數有兩種表示法：

- 十進位形式：常見的小數形式，書寫時必須包含小數點。
- 科學計數法形式：aEn 或 aen 形式，整個運算式等價於 $a \times 10^n$。舉例來說，$2.5e2 = 2.5 \times 10^2 = 250$。其中，a 為位元數部分，是一個十進位數字；n 為指數部分，是一個十進位整數；E 或 e 是固定的字元，用於分割尾數部分和指數部分。

程式清單 2-2 Python 浮點數的常用操作

```
# 浮點數數字
f_1 = 12.6
print("f_1 = ", f_1)
print("f_1 type: ", type(f_1))
f_2 = 0.34967816434356003
print("f_2 = ", f_2)
print("f_2 type: ", type(f_2))
f_3 = 0.0000000000000000000000000968
print("f_3 = ", f_3)
print("f_3 type: ", type(f_3))
f_4 = 3856897451024567878245234534.45006
print("f_4 = ", f_4)
```

```
print("f_4 type: ", type(f_4))
f_5 = 8e4
print("f_5 = ", f_5)
print("f_5 type: ", type(f_5))
```

程式執行結果如下：

```
f_1 =  12.6
f_1 type:  <class 'float'>
f_2 =  0.34967816434356
f_2 type:  <class 'float'>
f_3 =  9.68e-26
f_3 type:  <class 'float'>
f_4 =  3.8568974510245677e+26
f_4 type:  <class 'float'>
f_5 -  80000.0
f_5 type:  <class 'float'>
```

從運行結果可以看出，Python 可以容納極小和極大的浮點數。在輸出浮點數時，print 會根據浮點數的長度和大小適當地捨去一部分數字或採用科學計數法。

3. 布林值

Python 提供布林類型來表示真（對）或假（錯）。布林類型是特殊的整數，由常數 True 和 False 表示，用於數值運算時，會被當作數值 1 和 0 進行運算。

程式清單 2-3 Python 布林值的常用操作

```
# 布林類型
b_1 = False
```

```
print("b_1 = ", b_1)
print("b_1 type: ", type(b_1))

b_2 = True
print("b_2 = ", b_2)
print("b_2 type: ", type(b_2))

sum_1 = b_1 + 1
print("sum_1 = ", sum_1)
print("sum_1 type: ", type(sum_1))

sum_2 = b_2 + 1
print("sum_2 = ", sum_2)
print("sum_2 type: ", type(sum_2))
```

程式執行結果如下：

```
# b_1 =  False
b_1 type:  <class 'bool'>
b_2 =  True
b_2 type:  <class 'bool'>
sum_1 =  1
sum_1 type:  <class 'int'>
sum_2 =  2
sum_2 type:  <class 'int'>
```

從輸出結果來看，布林類型在與整數類型做運算時會被作為整數值使用，但是一般不這樣使用。一般來說，布林類型是表示事情真假的：如果是真的，就使用 True 或 1 代表；如果是假的，就使用 False 或 0 代表。

4. 複數

複數是 Python 的內建類型，由實部和虛部組成，虛部以 j 或 J 作為尾碼，具體格式為 a + bj。

程式清單 2-4 Python 複數的常用操作

```
c_1 = 6 + 0.8j
print("c_1 = ", c_1)
print("c_1 type", type(c_1))

c_2 = 8 - 1.6j
print("c_2 = ", c_2)
#對複數進行簡單計算
print("c_1 + c_2: ", c_1+c_2)
print("c_1 * c_2: ", c_1*c_2)
```

Python 支援簡單的複數運算，程式執行結果如下：

```
c_1 =  (6+0.8j)
c_1 type <class 'complex'>
c_2 =  (8-1.6j)
c_1 + c_2:  (14-0.8j)
c_1 * c_2:  (49.28-3.2000000000000001j)
```

2.2.2 運算子

Python 語言支援多種類型的運算子，包括算術運算子、比較（關係）運算子、設定運算子、邏輯運算子等。

1. 算術運算子

表 2-3 列出了常用的算術運算子，這裡假設變數 a 為 6、變數 b 為 8。

表 2-3 Python 常用算術運算子

運算子	描述	範例
+	加：兩個物件相加	a + b，輸出結果為 14
-	減：負數，或是一個數減去另一個數	a – b，輸出結果為 -2
*	乘：兩個數相乘，或是返回一個被重複若干次的字串	a * b，輸出結果為 48
/	除：x 除以 y	b / a，輸出結果為 1.33333
%	取餘：返回除法的餘數	b % a，輸出結果為 2
**	冪：返回 x 的 y 次冪	a**b，表示 6 的 8 次方，輸出結果為 1679616
//	取整數除：返回商的整數部分（向下取整數）	b//a，輸出結果為 1

2. 比較（關係）運算子

所有比較運算子返回 1 表示真，返回 0 表示假，與特殊的變數 True 和 False 等價。表 2-4 列出了常用的比較運算子，同樣假設變數 a 為 6、變數 b 為 8。

表 2-4 Python 常用比較運算子

運算子	描述	範例
==	等於：比較物件是否相等	a == b，返回 False

!=	不等於：比較兩個物件是否不相等	a != b，返回 True
>	大於：返回 x 是否大於 y	a > b，返回 False
<	小於：返回 x 是否小於 y	a < b，返回 True
>=	大於等於：返回 x 是否大於等於 y	a >= b，返回 False
<=	小於等於：返回 x 是否小於等於 y	a <= b，返回 True

3. 設定運算子

表 2-5 列出了常用的設定運算子，同樣假設變數 a 為 6、變數 b 為 8。

表 2-5 Python 常用設定運算子

運算子	描述	範例
=	簡單的設定運算子	c = a + b，將 a + b 的運算結果給予值為 c
+=	加法設定運算子	c += a，等效於 c = c + a
-=	減法設定運算子	c -= a，等效於 c = c-a
*=	乘法設定運算子	c*= a，等效於 c = c*a
/=	除法設定運算子	c /= a，等效於 c = c / a
%=	取模設定運算子	c %= a，等效於 c = c % a
**=	冪設定運算子	c**= a，等效於 c = c**a
//=	取整數除設定運算子	c //= a，等效於 c = c // a

4. 邏輯運算子

Python 語言支援的常用邏輯運算子如表 2-6 所示，這裡假設變數 a 為 6、變數 b 為 8。

表 2-6 Python 常用邏輯運算子

運算子	邏輯運算式	描述	範例
and	x and y	布林「與」：如果 x 為 False，x and y 返回 False，否則返回 y 的計算值	a and b，返回 8
or	x or y	布林「或」：x 是非 0 時返回 x 的計算值，否則返回 y 的計算值	a or b，返回 6
not	not x	布林「非」：x 為 True 時返回 False，x 為 False 時返回 True	not(a and b)，返回 False

2.2.3 字串

字串是 Python 中常用的資料型態，可以使用引號（' 或 "）來創建。

程式清單 2-5 Python 字串的常用操作

```
# 1.字串創建
str_1 = '我是一個字串'
print("str_1: ", str_1)
str_2 = "I am a string"
print("str_2:", str_2)
# 三引號可以將複雜的字串進行給予值，允許字串跨行，並且包含分行符號、定位字元及其他特殊字元
str_3 = '''
   Python 字串,
   '單引號'\n
   "雙引號"
   '''
print("str_3:", str_3)
# 2.字串拼接
city_1 = "上海市" "黃浦區"
city_2 = "北京市" + "海淀區"
```

```
print(city_1)
print(city_2)

# 字串不允許直接與其他類型進行拼接，需要先將其他類型轉為字串
age = 18
info = "我已經" + str(age) + "歲了， 我在" + city_1
print(info)
```

程式執行結果如下：

```
str_1:  我是一個字串
str_2: I am a string
str_3:
   Python 字串,
   '單引號'

   "雙引號"

上海市黃浦區
北京市海淀區
我已經18歲了， 我在上海市黃浦區
```

2.2.4 容器

Python 中常見的容器有串列、元組和字典等。

1. 串列

串列是由方括號和方括號括起來的資料組成的。串列中的一項叫作一個元素，既可以是整數、浮點數、字串，也可以是另一個串列或其他資料結構，並且每個元素使用英文逗點隔開。

程式清單 2-6 Python 串列的常用操作

```
# 串列
list_1 = [1, 2, 3.1415, 4e8]
list_2 = ["math", "physical", 2020, 2021]

print("list_1[2]: ", list_1[2])
print("list_2[1:2]", list_2[1:2])

# 串列增刪
list = ["tecent"]
list.append("baidu")
list.append("alibaba")
print("list append after:", list)

del list[1]
print("after delete Value At index 1:", list)
```

程式執行結果如下：

```
list_1[2]:  3.1415
list_2[1:2] ['physical']
list append after: ['tecent', 'baidu', 'alibaba']
after delete Value At index 1: ['tecent', 'alibaba']
```

2. 元組

元組是由小括弧和小括弧括起來的資料組成的，與串列非常像。元組生成後不能再進行增、刪、改等操作。

程式清單 2-7 Python 元組的常用操作

```
tup_1 = (1, 2, 3.1425, 4e8)
tup_2 = ("math", "physical", 2020, 2021)
```

```
print("tup_1[0]: ", tup_1[0])
print("tup_2[1:2]: ", tup_2[1:2])

# 修改元組元素操作是非法的，不過可以對元組進行連接組合
tup_3 = tup_1 + tup_2
print("tup_3:", tup_3)

#刪除元組
del tup_3
print("After deleting tup_3 : ", tup_3)
```

在元組被刪除後，輸入變數時會有異常資訊，程式執行結果如下：

```
list_1[2]:  3.1425
list_2[1:2] ['physical']
list append after: ['tecent', 'baidu', 'alibaba']
after delete Value At index 1: ['tecent', 'alibaba']
tup_1[0]:  1
tup_2[1:2]:  ('physical',)
tup_3: (1, 2, 3.1425, 400000000.0, 'math', 'physical', 2020, 2021)
Traceback (most recent call last):
  File "/Users/a123/Desktop/Python/coll.py", line 30, in <module>
   print("After deleting tup_3 : ", tup_3)
NameError: name 'tup_3' is not defined
```

3. 字典

字典是一種無序、可變的序列，它的元素以「鍵值對（key=>value）」的形式儲存。字典中的索引稱為鍵（key），對應的元素稱為值（value），鍵及其連結的值稱為「鍵值對」，其中鍵一般是唯一的。

程式清單 2-8 Python 字典的常用操作

```
dict = {'Lucy': '1687', 'Bob': '2637', 'Tom': '3258'}
print("dict: ", dict)
print("dict['Lucy']:", dict["Lucy"])

dict["Kitty"] = '2648'  #增加項目
pring("after append kitty: ", dict)

del dict["Tom"]   #刪除鍵是Tom的項目
pring("after delete Tom: ", dict)

dict.clear()   #清空所有項目
print("after clear all:", dict)
```

程式執行結果如下：

```
dict:  {'Lucy': '1687', 'Bob': '2637', 'Tom': '3258'}
dict['Lucy']: 1687
after append kitty:  {'Lucy': '1687', 'Bob': '2637', 'Tom': '3258',
'Kitty': '2648'}
after delete Tom:  {'Lucy': '1687', 'Bob': '2637', 'Kitty': '2648'}
after clear all: {}
```

2.3 Python 控制結構

Python 按照執行流程可以分為順序結構、選擇（分支）結構和迴圈結構 3 種：

- 順序結構：程式按照順序依次執行程式區塊。

- 選擇結構：程式有選擇性地執行程式區塊。
- 迴圈結構：程式不斷地重複執行程式區塊。

2.3.1 選擇結構

在 Python 中，透過對條件進行判斷，然後根據結果決定執行的程式區塊稱為選擇結構或分支結構，執行過程如圖 2-2 所示。

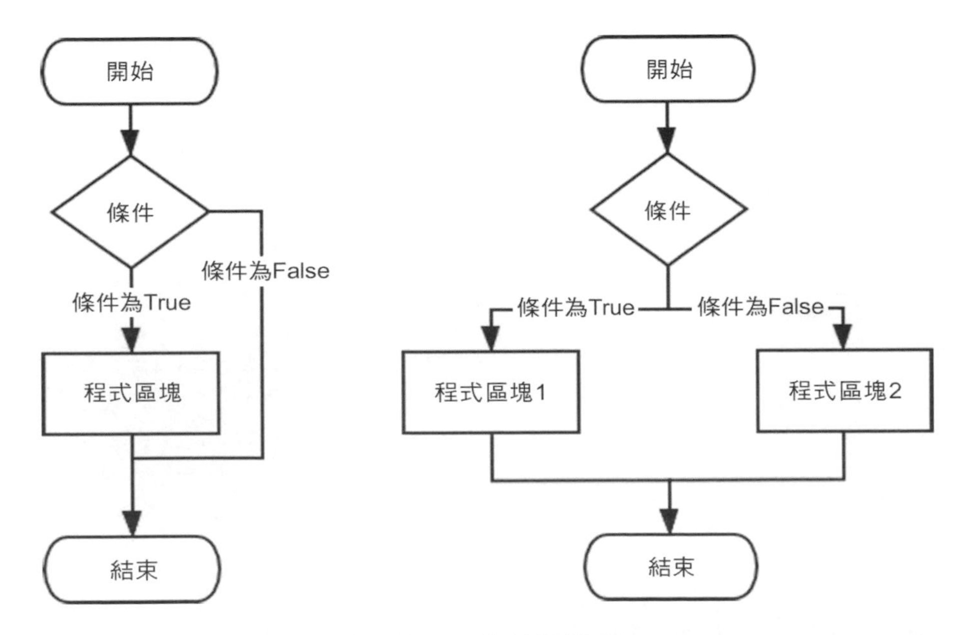

▲ 圖 2-2 條件陳述式

Python 中的選擇結構是透過 if else 敘述來實現的，使用方式如下：

程式清單 2-9 Python 選擇結構

```
name = 'python'
if name == 'python':
```

```
   print 'Hello Python!!'

height = float(input("輸入身高（米）："))
weight = float(input("輸入體重（公斤）："))
bmi = weight / (height * height)  #計算BMI指數
if bmi<18.5:
   print("BMI指數為："+str(bmi))
   print("體重過輕")
elif bmi>=18.5 and bmi<24.9:
   print("BMI指數為："+str(bmi))
   print("正常範圍，注意保持")
elif bmi>=24.9 and bmi<29.9:
   print("BMI指數為："+str(bmi))
   print("體重過重")
else:
   print("BMI指數為："+str(bmi))
   print("肥胖")
```

程式執行結果如下：

```
Hello Python!
輸入身高（米）：178
輸入體重（公斤）：62
BMI指數為：0.001956823633379624
體重過輕
```

Python 不支持 switch 敘述，所以多個條件判斷只能透過 elif 來實現。

2.3.2 迴圈結構

迴圈結構提供了執行多次程式區塊的方式，在 Python 中用 for 和 while 敘述來實現。

1. for 迴圈

for 迴圈常用於遍歷字串、串列、元組、字典、集合等序列類型，一個一個獲取序列中的各個元素。for 迴圈敘述的執行流程如圖 2-3 所示。

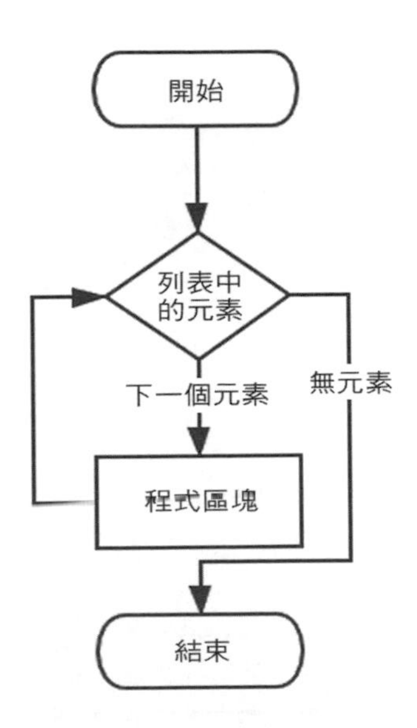

▲ 圖 2-3 for 迴圈流程

for 迴圈使用方式如下：

程式清單 2-10 Python for 迴圈結構

```
for char in 'Python':   # 遍歷字串
   print('當前字母 :', char)

fruits = ['banana', 'apple',  'orange']
for fruit in fruits:  #遍歷串列
   print('水果 :', fruit)
```

程式執行結果如下：

```
當前字母 : P
當前字母 : y
當前字母 : t
當前字母 : h
當前字母 : o
當前字母 : n
水果 : banana
水果 : apple
水果 : orange
```

2. while 迴圈

while 迴圈在條件運算式為真的情況下會迴圈執行相同的程式區塊。while 迴圈的執行流程如圖 2-4 所示。

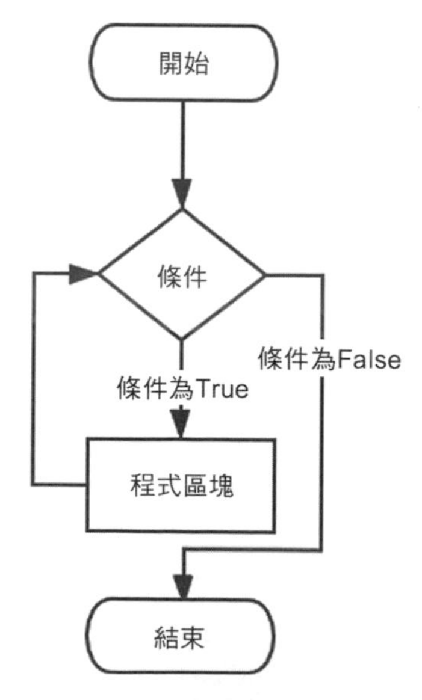

▲ 圖 2-4 while 迴圈流程

while 迴圈使用方式如下：

程式清單 2-11 Python while 迴圈結構

```
i = 0
fruits = ['banana', 'apple',  'orange']
while i < len(fruits):
   print(fruits[i])
   i = i + 1
```

程式執行結果如下：

```
banana
apple
orange
```

在使用 while 迴圈時，注意要保證迴圈條件有變為 False 的時候，否則這個迴圈將成為一個無窮迴圈。所謂無窮迴圈，指的是無法結束的迴圈結構，即該迴圈永遠不會結束。

2.4 Python 函數

函數是可重複使用的，用來實現某個功能的程式區塊，提高了程式模組化和程式的重複使用率。

2.4.1 函數定義

Python 函數定義使用 def 關鍵字實現，語法格式如下：

```
def functionname( parameters ):
   "函數_文件字串"
   function_suite
   return [運算式]
```

Python 中的函數定義需要滿足以下規則：

- 以 def 關鍵字開頭，後接函數識別字名稱和小括號 ()。
- 任何傳入的參數和引數必須放在小括號內，小括號之間可用於定義參數。
- 第一行敘述可以選擇性地使用文件字串，用於存放函數說明。
- 內容以冒號起始，並且縮排。
- return [運算式] 結束函數，選擇性地返回一個值給呼叫方。不帶運算式的 return 相當於返回 None。

下面定義兩個函數，其中一個是空函數。Python 允許定義空函數，但是空函數本身並沒有實際意義。

程式清單 2-12 Python 函數定義

```
def pass_me():
   "空函數，沒有實際意義"
   pass

def max(num1,num2):
   "比較兩個數的大小，並返回大的值"
   max = num1 if num1 > num2 else num2
   return max
```

2.4.2 函數呼叫

函數定義之後，可以透過另一個函數來呼叫執行。函數呼叫的基本語法如下：

```
[返回值] = 函數名稱([形式參數值])
```

其中，函數名稱指的是要呼叫的函數名稱；形式參數值指的是當初創建函數時要求傳入的各個形式參數的值。如果該函數有返回值，就可以透過一個變數來接收，當然也可以不接收。需要注意的是，創建函數有多少個形式參數，呼叫時就需要傳入多少個值，且順序必須和創建函數時一致。即使該函數沒有參數，函數名稱後的小括弧也不能省略。舉例來說，呼叫上面創建的 pass_me() 和 max() 函數：

程式清單 2-13 Python 函數呼叫

```
pass_me()
max = max(66, 28)
print(str(max))
```

空函數本身並不包含任何有價值的執行程式區塊，也沒有返回值，呼叫空函數不會有任何效果。對於 max() 函數的呼叫，返回了傳入參數的最大值，因此執行結果為 66。

2.4.3 匿名函數

Python 的匿名函數是透過 lambda 運算式來實現的。如果一個函數的函數本體僅有 1 行運算式，那麼該函數可以用 lambda 運算式來替換。

lambda 僅是一個運算式，只能封裝有限的邏輯，不能存取參數串列之外或全域命名空間的參數。lambda 運算式的語法格式如下：

```
lambda [arg1 [,arg2,...,argn]]:expression
```

其中，定義 lambda 運算式必須使用 lambda 關鍵字；[arg1 [,arg2,...,argn]] 作為可選參數，等於定義函數是指定的參數串列；expression 為該運算式的名稱。匿名函數實例如下：

程式清單 2-14 Python 匿名函數定義

```
# 匿名函數
sum = lambda x,y:x+y

# 呼叫sum函數
print("相加之後的值為：",sum(3,4))
```

程式執行結果如下：

```
相加之後的值為： 7
```

2.5 Python 模組

Python 模組（Module）是程式的一種組織形式，把許多有連結的程式放到一個單獨的 Python 檔案中。Python 模組是一個包含某個功能（變數、函數、類別實現）的套件，直接在程式中匯入該模組即可使用。

2.5.1 匯入模組

Python 有很多標準函數庫和開放原始碼的第三方程式，將需要的功能模組匯入當前程式就可以直接使用。Python 使用 import 關鍵字彙入模組，主要方式有兩種：

- import 模組名稱：匯入模組中所有成員，包括變數、函數和類別等，並且在使用模組中的成員時需要該模組名稱作為首碼。
- from 模組名稱 import 成員名：匯入模組中指定的成員，在使用該成員時無須附加任何首碼，直接使用成員名即可。

1. import 敘述

使用 import 敘述引入模組的語法如下：

```
import module1[, module2[,...,moduleN]]
```

程式清單 2-15 Python 模組匯入

```
# 匯入math模組
import math
# 匯入random和sys兩個模組
import random,sys
import os as o

# 使用math模組名稱作為首碼來存取模組中的成員
print(math.fabs(-20))

# 使用sys模組名稱作為首碼來存取模組中的成員
print(sys.argv[0])

# 使用o模組別名存取模組變數，其中sep變數代表平台上的路徑分隔符號
print(o.sep)
```

上面的程式匯入了多個模組。透過 import 可以匯入單一或多個模組，還可以為模組起別名。不管執行了多少次 import，一個模組只會被匯入一次，這樣可以防止匯入模組被一遍又一遍地執行。上面程式的執行結果如下：

```
20.0
cls.py
/
```

2. from…import 敘述

Python 的 from 敘述可以從模組中匯入指定部分到當前檔案，語法如下：

```
from modname import name1[, name2[,...,nameN]]
```

程式清單 2-16 Python from 模組匯入

```
# 匯入sys模組的argv成員
from sys import argv

# 匯入math模組的pi，並為其指定別名p
from math import pi as p

print(argv[0])

print(p)
```

也可以透過 "form 模組名稱 import *" 匯入指定模組中的所有成員，不過存在命名衝突的問題，不推薦使用。

2.5.2 模組的搜索路徑

當使用 import 敘述匯入模組後，Python 解析器會按照以下順序查詢指定模組：

- 在目前的目錄（執行程式所在目錄）下查詢。
- 在 PYTHONPATH 環境變數中的目錄下查詢。
- 在 Python 預設安裝目錄下查詢。

以上所涉及的目錄都存在標準 sys 的 sys.path 變數中，透過此變數我們可以指定程式檔案支援查詢的所有目錄。

2.6 Python 物件導向程式設計

物件導向程式設計是在程序導向程式設計的基礎上發展來的，是一種封裝程式的方法，具有更強的靈活性和擴充性。

- 程序導向程式設計以過程為核心，採用結構化、模組化和自頂向下的設計方法，把系統劃分為不同的模組，降低了系統的複雜性。程序導向程式設計最重要的特點是函數，透過函數呼叫一個個子函數，程式運行的邏輯是事先決定好的。
- 物件導向程式設計以物件為核心，從更高的層次進行系統建模，把相關資料和方法組織為一個整體來看待，是對現實世界理解和抽象的方法。物件導向把系統視為物件的集合，每個物件可以接收其他物件發過來的消息並處理這些消息。物件導向程式設計的程式執行就是一系列消息在各個物件之間進行傳遞與處理。

Python 語言在設計之初就是一門物件導向的語言。物件導向程式設計內容繁多，本章僅對 Python 的物件導向程式設計做一個簡單介紹。

2.6.1 Python 類別創建和實例

使用 class 敘述來創建一個新類別，在 class 關鍵之後為類別的名稱，並以冒號結尾，語法如下：

```
class ClassName:
   '類別的說明資訊'    #類別文件字串

   class_suite  #類別本體
```

類別的說明資訊可以透過 ClassName.doc 查看。class_suite 由類別成員、方法、資料屬性組成。下面使用 Python 定義一個 Student 類別。

程式清單 2-17 Python 定義學生類別

```
class Student(object):
   """所有學生的基礎類別，描述學生基本資訊"""
   def __init__(self, name, age, score):
      super( Student, self).__init__()
      self.name = name
      self.age = age
      self.score = score

   def print_age(self):
      print(self.name, " age is ", self.age)

   def print_score(self):
      print(self.name, " score: ", self.score)
```

```
"創建 Student 類別的第一個物件"
lucy = Student("lucy", 18, 86)
"創建 Student 類別的第二個物件"
tony = Student("tony", 19, 92)

lucy.print_age()
lucy.print_score()

tony.print_age()
tony.print_score()
```

class 後面緊接著的是類別名（通常是大寫開頭的單字），即 Student，緊接著是（object），表示該類別是從哪個類別繼承下來的，object 類別是所有類別的父類別。__init__() 方法是一個特殊方法，被稱為類別的建構元數或初始化方法，在創建了這個類別的實例時就會被呼叫。self 代表類別的實例，在定義類的方法時是必須有的，在呼叫時不必傳入對應的參數。Python 中使用點號（.）來存取物件的屬性和函數，程式的執行結果如下：

```
lucy  age is  18
lucy  score:  86
tony  age is  19
tony  score:  92
```

2.6.2 Python 內建類別屬性

Python 中內建了類別屬性（創建了新類別系統時就會主動創建這些屬性），常見的如表 2-7 所示。

表 2-7 Python 內建類別屬性

內建類別屬性	說明	觸發方式
__str__	實例字串表示，可讀性	print(類別實例)，若沒有實現，則使用 repr 結果
__repr__	實例字串表示，準確性	print(repr(類別實例))
__dict__	實例自訂屬性	實例 .__dict__
__doc__	類文件，子類別不繼承	help(類別或實例)
__name__	類名	實例 .__name__
__module__	類定義所在的模組	實例 .__module__

對上述 Student 類別增加 __str__ 實現以及測試程式：

程式清單 2-18 Python 內建類別驗證

```
...
   def __str__(self):
      return "%s的年齡是%s, 分數是%s"%(self.name, self.age, self.score)
...
print("Student __str__", lucy)
print("Student __repr__", repr(lucy))
print("Student.__doc__:", Student.__doc__)
print("Student.__name__:", Student.__name__)
print("Student.__module__:", Student.__module__)
print("Student.__bases__:", Student.__bases__)
print("Student.__dict__:", Student.__dict__)
```

以上程式獲取相關內建類別屬性，程式執行結果如下：

```
Student __str__ lucy的年齡是18, 分數是86
Student __repr__ <__main__.Student object at 0x7fc84fa37b20>
Student.__doc__: 所有學生的基礎類別，描述學生基本資訊
Student.__name__: Student
Student.__module__: __main__
Student.__bases__: (<class 'object'>,)
Student.__dict__: {'__module__': '__main__', '__doc__': '所有學生的基礎類別，描述學生基本資訊', '__init__': <function Student.__init__ at 0x7fc84fa2b9d0>, 'print_age': <function Student.print_age at 0x7fc84fa2ba60>, 'print_score': <function Student.print_score at 0x7fc84fa2baf0>, '__str__': <function Student.__str__ at 0x7fc84fa2bb80>, '__dict__': <attribute '__dict__' of 'Student' objects>, '__weakref__': <attribute '__weakref__' of 'Student' objects>}
```

2.6.3 類別的繼承

在 Python 中，可以透過類別的繼承機制來實現程式的重用。當定義一個新類別時，可以繼承自某個現有的類別，透過繼承創建的新類別稱為子類別（Sub class），被繼承的類別稱為基礎類別、父類別或超類別（Base class、Super class）。創建一個繼承類別的語法如下：

```
class 衍生類別名(基礎類別名)
    ...
```

任何類別都可以是父類別，Python 3 創建的類別預設繼承 object 類別。下面創建一個名為 Person 的基礎類別，包含 name 和 age 屬性以及 run 和 sleep 方法。

程式清單 2-19 Python 基礎類別定義

```
class Person():
   """人——父類別"""
   def __init__(self, name, age):
     super(Person, self).__init__()
     self.name = name
     self.age = age

   def run(self):
     print(self.name, "在跑步")

   def sleep(self):
     print(self.name, "在睡覺")

person = Person("張三", 28)
person.run()
person.sleep()
```

以上程式執行結果如下：

```
張三 在跑步
張三 在睡覺
```

創建一個繼承自 Person 的子類別 Employees 類別，繼承 Person 的屬性和方法。

程式清單 2-20 Python 子類別定義

```
class Employees(Person):
   """員工類別——子類別"""
   pass

emp = Employees("王五",28)
emp.run()
emp.sleep()
```

在類別中不增加任何屬性和方法，與父類別 Person 擁有相同的屬性和方法，執行結果如下：

```
王五 在跑步
王五 在睡覺
```

下面為 Employees 增加初始化方法 __init__()，之後子類別將不再繼承父類別的 __init__() 函數，並對父類別的 sleep() 函數進行重寫，同時增加新函數 work()。

程式清單 2-21 Python 子類別方法定義

```
class Employees(Person):
   """員工類別——子類別"""
   def __init__(self, name, age, depart):
     super().__init__(name, age)
     self.depart = depart

   def sleep(self):
     print(self.name, "午休半小時")

   def work(self):
     print("員工", self.name,"在", self.depart,"工作")
```

```
emp = Employees("趙四", "42", "技術部")
emp.run()
emp.sleep()
emp.work()
```

對子類別函數的執行結果如下：

```
趙四 在跑步
趙四 午休半小時
員工 趙四 在 技術部 工作
```

2.7 小結

本章先介紹了 Python 的歷史以及在 Windows、Linux 以及 Mac OS 下的安裝及設定；然後對 Python 的基本資料結構、控制結構、函數和物件導向程式設計等內容進行了介紹。

Chapter

03

常用的機器學習框架介紹

機器學習作為人工智慧的核心，涉及多領域交叉學科，綜合傳統的生物、數學和電腦科學形成了機器學習的理論基礎，並且廣泛應用於解決各種複雜的工程和科學問題。機器學習包含傳統的機器學習演算法，比如各種聚類、分類、boost 等，也包含深度學習等實現機器學習的技術，透過多層次的神經網路以及大量的資料訓練提煉最佳的參數用於解決實際問題，比如物體檢測、姿態辨識以及自然語言處理等實際場景。

在本書的實際應用中，我們需要一個機器學習框架進行模型的訓練以及推理操作。目前行業內有多種機器學習框架，可以說各大巨頭都有自己的深度學習框架（Facebook 有 Torch，微軟有 CNTK，亞馬遜有 MXNet，百度有 Paddle Paddle 等）。本書主要介紹當前廣泛應用的 TensorFlow 與 PyTorch 這兩種基礎學習框架及其簡單使用方法。

3.1 TensorFlow 基礎及應用

TensorFlow 是由 Google 公司推出的深度學習框架，自推出之後受到業界好評，獲得了廣泛使用，是當前最火的深度學習框架。

3.1.1 TensorFlow 概述

TensorFlow 的使用者數量和關注度首屈一指，它可謂是主流中的主流。

TensorFlow 是一個基於資料流程程式設計的符號數學系統，前身是 Google 的神經網路演算法庫 DistBelief，並於 2015 年被 Google 開放原始碼。TensorFlow 是一個由工具、庫和資源群組成的生態系統，透過流程圖可以快速創建神經網路和其他機器學習模型實現複雜的場景。

在 TensorFlow 中需要提到一個重要的概念，即 TensorFlow 張量。張量具有類型和維度屬性，可以視為多維資料。資料在張量之間透過計算相互轉化便是流（Flow），這就是 TensorFlow 名稱的由來。張量在 TensorFlow 中用來處理資料，其含義類似於變數，在下文裡會透過例子來介紹。

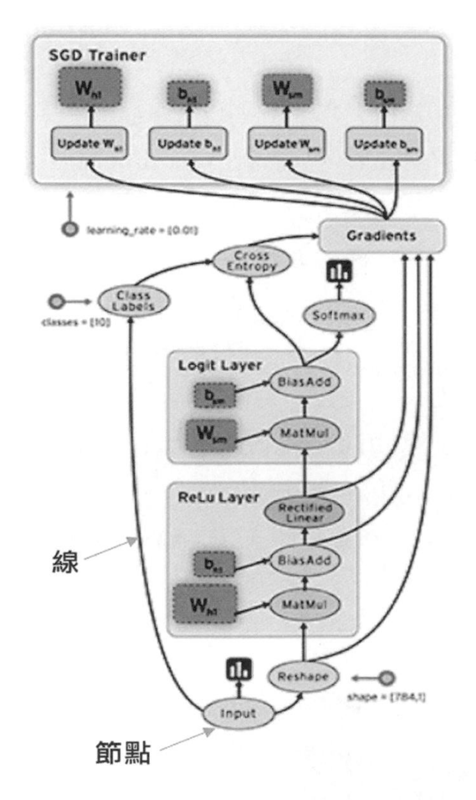

▲ 圖 3-1 TensorFlow 資料流程圖

TensorFlow 網路結構的實現是由資料流程圖來完成的。資料流程圖包含了一系列操作符號物件，代表了一系列的資料運算。張量 Tensor 代表了直接操作的資料變數。這些都定義在一個資料流程圖的上下文中。舉例來說，在圖 3-1 中，節點代表資料運算，連接線代表資料的流動，而資料的流動是透過張量 Tensor 來完成的。

3.1.2 TensorFlow 的安裝

在安裝 TensorFlow 之前，我們需要先安裝 Anaconda 環境。

Anaconda 是一個 Python Package 和 Package 管理器（功能類似 pip）的組合，其常見的 Package 包含 Scipy，Jupyter，scikit-learn 等。其有效的套件和多環境管理功能，以及內建了多個科學庫，在業內有著很好的口碑，同時也是廣大巨量資料科學家和機器學習同好的使用利器。作為 Python 的發行版本，安裝 Anaconda 不需要單獨安裝 Python 運行環境，依賴於套件管理器 conda 可以方便安裝科學計算類別庫。

（1）存取 Anaconda 的官網 https://www.anaconda.com/products/individual，可以免費下載 Anaconda，並且可以選擇 PC、MacOS 或 Linux 版本（見圖 3-2）。透過運行安裝程式，安裝到指定目錄中。

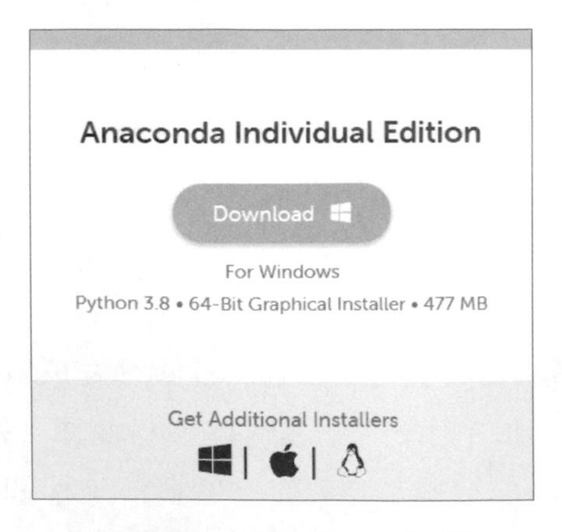

▲ 圖 3-2 Anaconda 下載

安裝完畢後，透過執行以下命令來檢測安裝是否成功。

（2）創建 TensorFlow 運行環境，這裡以 Python 3.5 版本為例：

```
conda create --name tensorflow_env python=3.5
```

（3）啟動 Anaconda 環境：

```
activate tensorflow_env
```

（4）進入命令列模式，檢查 Anaconda 環境是否安裝成功，如圖 3-3 所示。

```
C:\Users\michaelbuddy>conda info
Current conda install:

             platform : win-64
        conda version : 4.3.30
     conda is private : False
    conda-env version : 4.3.30
  conda-build version : not installed
       python version : 3.6.0.final.0
     requests version : 2.18.4
     root environment : D:\Anaconda3  (writable)
  default environment : D:\Anaconda3
     envs directories : D:\Anaconda3\envs
                        C:\Users\michaelbuddy\AppData\Local\conda\conda\envs
                        C:\Users\michaelbuddy\.conda\envs
        package cache : D:\Anaconda3\pkgs
                        C:\Users\michaelbuddy\AppData\Local\conda\conda\pkgs
         channel URLs : https://mirrors.tuna.tsinghua.edu.cn/anaconda/pkgs/main/win-64
                        https://mirrors.tuna.tsinghua.edu.cn/anaconda/pkgs/main/noarch
                        https://mirrors.tuna.tsinghua.edu.cn/anaconda/pkgs/free/win-64
                        https://mirrors.tuna.tsinghua.edu.cn/anaconda/pkgs/free/noarch
                        https://conda.anaconda.org/anaconda-fusion/win-64
                        https://conda.anaconda.org/anaconda-fusion/noarch
                        https://repo.continuum.io/pkgs/main/win-64
                        https://repo.continuum.io/pkgs/main/noarch
                        https://repo.continuum.io/pkgs/free/win-64
                        https://repo.continuum.io/pkgs/free/noarch
                        https://repo.continuum.io/pkgs/r/win-64
                        https://repo.continuum.io/pkgs/r/noarch
                        https://repo.continuum.io/pkgs/pro/win-64
                        https://repo.continuum.io/pkgs/pro/noarch
                        https://repo.continuum.io/pkgs/msys2/win-64
                        https://repo.continuum.io/pkgs/msys2/noarch
          config file : C:\Users\michaelbuddy\.condarc
           netrc file : None
         offline mode : False
           user-agent : conda/4.3.30 requests/2.18.4 CPython/3.6.0 Windows/10 Windows/10.0.18362
        administrator : False
```

▲ 圖 3-3 Anaconda 安裝檢查

(5) 安裝 TensorFlow。

目前 TensorFlow 的安裝主要分為 CPU 和 GPU 版本兩種。CPU 版本的安裝相對簡單，在 Python 安裝環境下透過 pip 命令即可完成。相比之下，GPU 版本的安裝相對複雜，除了安裝 GPU 版本的 tensorFlow package，一般都需要額外單獨安裝 CUDA 和 cuDNN。在虛擬偶像實現中，大多數演算法模型對 GPU 顯示記憶體都有一定的要求，所以在本書中推薦採用基於 GPU（Nvidia 系列顯示卡）的 TensorFlow 安裝。另外，作業系統使用 Windows 10（讀者也可以根據自己的喜好使用 CentOS 或 Ubuntu 系統）。

```
pip install tensorflow==1.15        # CPU
pip install tensorflow-gpu==1.15    # GPU
```

GPU 支持（可選）

CUDA 安裝：在 Ubuntu 和 Windows 下使用支援 CUDA® 的顯示卡可以支援 GPU 運算。進行 CUDA 安裝需要安裝 NVIDA 驅動（從 https://developer.nvidia.com/cuda-80-ga2- download-archive 下載 10.0 版本），下載完成後解壓，就會生成 cuda/include、cuda/lib、cuda/bin 三個目錄，複製到 CUDA 對應版本的安裝目錄中即可。
cuDNN 安裝設定：-cuDNN 可以從 https://developer.nvidia.com/rdp/cudnn-download 中下載，下載解壓後將目錄和檔案複製到 CUDA 的安裝目錄。

接下來設定系統環境變數（這裡以 Windows 10 為例）：

```
C:\Program Files\NVIDIA GPU Computing Toolkit\CUDA\v10\bin
C:\Program Files\NVIDIA GPU Computing Toolkit\CUDA\v10\lib
```

```
C:\Program Files\NVIDIA GPU Computing Toolkit\CUDA\v10\libnvvp
C:\Program Files\NVIDIA GPU Computing Toolkit\CUDA\v10\include
```

（6）驗證 TensorFlow。

如果是透過 Anaconda 進行安裝，那麼啟動環境後透過 Anaconda Prompt，並在 Python 命令列內輸入以下程式：

```
import tensorflow as tf
message = tf.constant('hello, welcome to Tensorflow!')
with tf.Session() as sess:
  print(sess.run(message).decode())
```

安裝順利的話，就可以在主控台上看到輸出的 GPU 和顯示記憶體相關的資訊（見圖 3-4）。其中，"/device:GPU:0" 代表第一個 GPU。如果有第二塊 GPU，就為 "/device:GPU:1"。類似的 CPU 裝置表示為 "/cpu:0"。

```
totalMemory: 6.00GiB freeMemory: 4.89GiB
2021-03-29 22:27:21.564609: I tensorflow/core/common_runtime/gpu/gpu_device.cc:1512] Adding visible gpu devices: 0
2021-03-29 22:27:23.686984: I tensorflow/core/common_runtime/gpu/gpu_device.cc:984] Device interconnect StreamExecutor with strength 1 edge matrix:
2021-03-29 22:27:23.690826: I tensorflow/core/common_runtime/gpu/gpu_device.cc:990]      0
2021-03-29 22:27:23.692952: I tensorflow/core/common_runtime/gpu/gpu_device.cc:1003] 0:   N
2021-03-29 22:27:23.699347: I tensorflow/core/common_runtime/gpu/gpu_device.cc:1115] Created TensorFlow device (/job:localhost/replica:0/task:0/device:GPU:0 with 4613 MB memory) -> physical GPU (device: 0, name: GeForce RTX 2060, pci bus id: 0000:01:00.0, compute capability: 7.5)
hello, welcome to Tensorflow!
```

▲ 圖 3-4 主控台輸出結果

3.1.3 TensorFlow 的使用

TensorFlow 廣泛應用於影像、音訊以及語義處理等領域，已經有很多公司基於 TensorFlow 有著成功的實踐。比如 Airbnb 採用基於 TensorFlow 建構了圖片分類系統用於辨識使用者上傳圖片的類別，PayPal 架設了基於 TensorFlow 的詐騙交易檢測預警系統，AlphaGo Zero 基於 TensorFlow 實現了基於神經網路的圍棋決策演算法，並在 2017 年戰勝人類圍棋專業選手。在本書中，我們會介紹基於 TensorFlow 框架的人臉檢測模型以及面部表情提取。

這裡使用簡短的程式來進行張量 Tensor 的數學運算。注意，使用 TensorFlow 進行數學運算來處理圖形是比較常用的方式。

程式清單 3-1 進行張量的數學運算

```
import numpy as np
import tensorflow as tf
a1 = np.array([(1,2,3),(4,5,6)])
a2 = np.array([(7,8,9),(10,11,12)])
a3 = tf.add(a1,a2) #或使用乘法multiply
sess = tf.Session()
tensor = sess.run(a3)
print(tensor)
# [[ 8 10 12]
# [14 16 18]]
```

程式清單 3-2 輸出張量的形狀和緯度

```
print(a3.shape) # (2, 3)
print(a3.dtype) # <dtype: 'int32'>
```

CNN 卷積神經網路是各類圖形視覺演算法的基礎，在很多物件辨識、人臉辨識以及各種分類和預測演算法中都大量使用了卷積，而在我們後續的虛擬偶像表情遷移中也用到了卷積。

TensorFlow 中用到的卷積函數以及主要的參數説明如下：

```
tf.nn.conv2d(input, filter, strides, padding, use_cudnn_on_gpu=None,
data_format=None, name=None)
```

- input：需要指定輸入影像的資料，當 data_format 為 "HWC" 時，輸入資料的 shape 為 [batch, in_height,in_width,in_channels]；當 data_format 為 "HW" 時，輸入資料的 shape 為 [batch, in_channels, in_height,in_width]。
- filter：定義卷積核心 [filter_height,filter_width,in_channels,out_channels]，其中的參數分別代表濾波器高度、寬度、影像通道數、濾波器個數。
- strides：定義卷積核心在每一步的步進值，一般為 [1,stride,stride,1]，中間的兩個參數分別代表 in_height 和 in_width，即該卷積核心在高和寬兩個維度上的移動步進值。
- padding：定義元素內容和元素邊框之間的空間填充方式，有 'VALID'（邊緣不填充，捨棄多餘的空間）和 'SAME'（邊緣填充，用 0 來填充邊緣）兩個參數。

在建構神經網路的操作中，我們經常會用到 tf.nn.max_pool 池化函數和啟動函數（Activation Function）。啟動函數用於執行時期啟動神經網路中的某一部分神經元，並將啟動資訊向後傳入下一層神經網路，常見的有 tf.nn.softmax、tf.nn.relu、tf.nn.sigmoid、tf.nn.tanh 等。

3.1.4 人臉檢測演算法

在各類基於機器視覺實現表情和面部遷移的演算法中，通用的前面的步驟是人臉辨識（Face Detection）和裁剪關鍵區域框，然後是人臉對齊（Face Alignment）。人臉對齊的關鍵步驟是關鍵點定位和檢測。

1. 人臉辨識

人臉辨識是機器視覺應用最廣泛的技術，也是機器視覺和模式辨識最基本的需要解決的問題。人臉辨識作為物體辨識的分支，是一種用來辨識圖片中是否包含人臉進而用來判斷人臉的位置和座標的技術方向。

經典的人臉辨識流程是將這個問題看成一個二分類問題，主要解決圖片中是否包含人臉的問題，透過大量人臉和非人臉圖片的訓練，獲得一個人臉檢測的模型，從而推斷輸入圖片是否包含人臉。人臉辨識技術的歷史可以分為以下 3 個階段。

（1）第一階段是基於範本匹配的演算法

使用範本圖形進行位置匹配，從而確定該位置是否包含人臉。圖 3-5 顯示了 Rowley 早期（1998 年）提出的方法，透過建構多層感知機模型，用 20×20 的圖片作為滑動視窗判斷圖片中是否包含人臉，同時參考圖片金字塔的方式對圖片進行多次採樣，並對不同尺寸下的圖片進行多次判斷以防止遺漏前面沒有檢測到的人臉。初期的方法主要用於解決正面檢測，對側面或有遮擋的人臉有一定的局限性。後期 Rowley 等人提出了改進方案，如圖 3-6 所示，透過增加一個神經網路來判斷面部旋轉角度，並對圖片進行角度旋轉矯正，傳入第二個神經網路進行人臉判斷，從一定程度上解決了不同角度人臉辨識困難的問題。一般來說圖片金字塔需要更大的記憶體、更耗時，而且對精度和泛化性有一定的局限性，很難繼續提升。

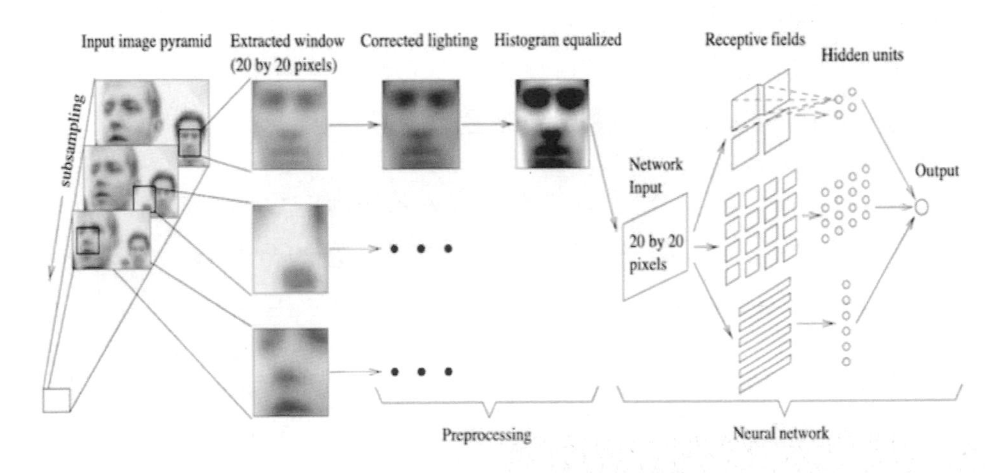

▲ 圖 3-5 早期的範本匹配演算法

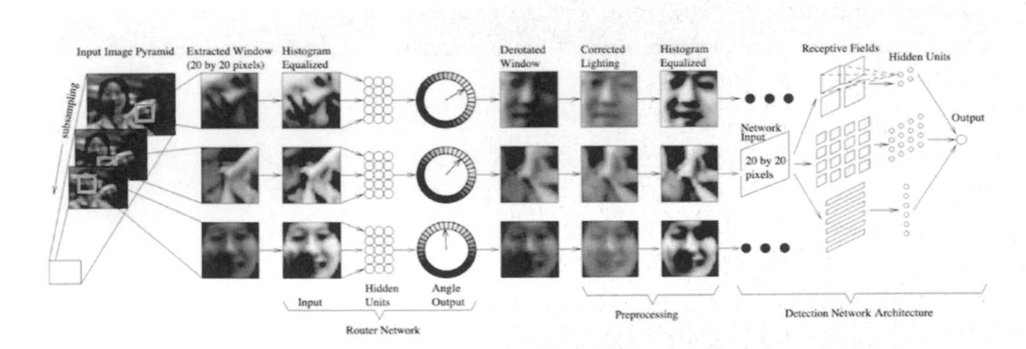

▲ 圖 3-6 改進的範本匹配演算法

（2）第二階段是基於 Adaboost 框架的演算法

Boost 是一種典型的整合學習演算法，透過多個簡單的弱分類器建立高準確率的強分類器，較之前的範本方式效率有很大的提高，主要是基於 VJ 框架、採用 Haar 特徵進行判別的。

無監督的 Haar 特徵的人臉檢測演算法用於檢測人臉是否存在以及鼻子、眼睛等面部五官的檢測。基於 Haar 特徵值的串聯分類是一種基於機器學習的面部辨識方式，其串聯函數是透過從很多正負樣本影像中提取特徵並加以訓練得出的。該演算法也在 OpenCV 中有實現，讀者可以嘗試直接使用，也可根據需要訓練自己的模型。

這裡借助 OpenCV 裡的範例程式來講解人臉辨識的實現方式。OpenCV 裡包含了關於眼睛、鼻子、笑臉等預先訓練好的分類器，並存放在 opencv/data/haarcascades/ 目錄下。

下面透過前臉分類器找到圖中的面部，獲得檢測到的面部區域後創造一個面部的興趣區域 ROI，並對該區域進行眼睛的檢測（透過內建的眼睛檢測的分類器來實現）。

程式清單 3-3 面部分類器程式範例

```
import numpy as np
import cv2 as cv
face_cascade = cv.CascadeClassifier('haarcascade_frontalface_default.
xml')
eye_cascade = cv.CascadeClassifier('haarcascade_eye.xml')
img = cv.imread('test.jpg')
gray = cv.cvtColor(img, cv.COLOR_BGR2GRAY)

faces = face_cascade.detectMultiScale(gray, 1.3, 5)
for (x,y,w,h) in faces:
    cv.rectangle(img,(x,y),(x+w,y+h),(255,0,0),2)
    roi_gray = gray[y:y+h, x:x+w]
    roi_color = img[y:y+h, x:x+w]
    eyes = eye_cascade.detectMultiScale(roi_gray)
    for (ex,ey,ew,eh) in eyes:
```

```
        cv.rectangle(roi_color,(ex,ey),(ex+ew,ey+eh),(0,255,0),2)
cv.imshow('img',img)
cv.waitKey(0)
cv.destroyAllWindows()
```

(3) 第三階段是基於深度學習的演算法

傳統的人臉辨識基於滑動視窗和卷積計算量很大，不過隨著卷積神經網路的興起人臉辨識在精度和速度上大幅超越了之前的 Adaboost 框架，透過對損失函數的改進獲取了更高的判斷準確率。關於人臉辨識的深度學習框架很多，從早期的 Cascade CNN、MTCNN 到 Google 的 FaceNet、Face R-CNN 等，檢測精度和效率在逐步提升。這裡著重介紹一下 RetinaFace。這是一種基於像素級的人臉定位方法，採用特徵金字塔的技術，實現了多尺度資訊的融合，而且採用了多工學習策略，可以同時預測人臉框、人臉關鍵點以及人臉像素的位置和對應關係，並且特定資料集在一定程度上超越了人類的辨識精度。

對於人臉辨識目前比較領先的演算法為 RetinaFace，它可以處理多個檢測目標或多張人臉，並對大尺度頭部變換具有良好的堅固性，同時也是我們在使用機器視覺演算法進行虛擬偶像設定中最常用的人臉辨識演算法，在後文中我們會介紹基於 tensorFlow 的 RetinaFace 的實現方式。RetinaFace 為 Single Stage Face Detector，採用了一種多工學習策略，可以同時對 face score、面部 landmark、face 線框等進行推斷。其主幹網絡是基於 ResNet152 金字塔結構進行特徵提取的，每個正錨點 Positive Anchor 輸出包含 Face score、Face box、Facial Landmark 以及 dense localization mask（密集定位遮罩）。

該演算法的基本原理是透過預測結果判斷每個預先設定好的先驗框內部是否包含人臉，然後對先驗框進行調整並獲取人臉的 5 個關鍵點，如圖 3-7 所示。

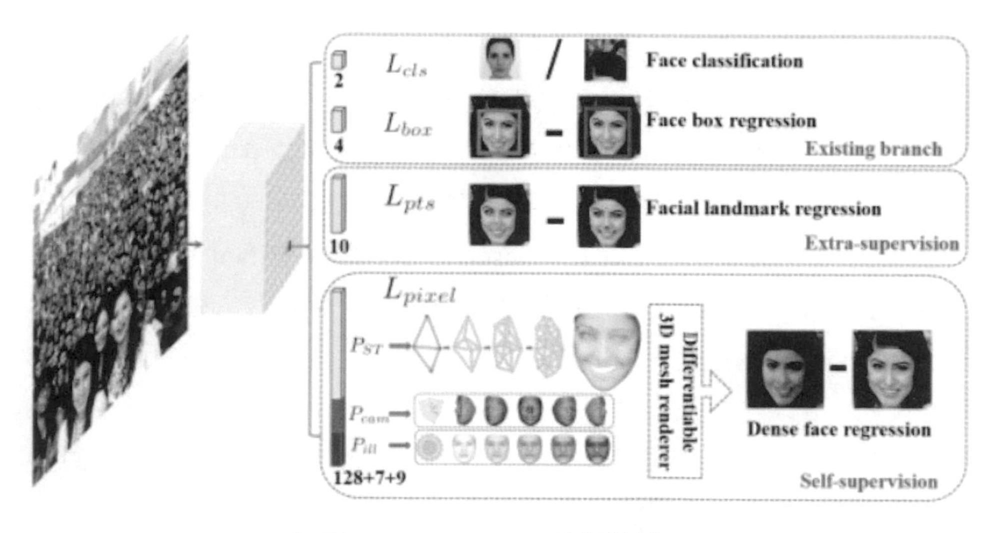

▲ 圖 3-7 RetinaFace 演算法流程圖

RetinaFace 較以往的人臉辨識技術有了一些改進的地方：損失函數增加了 Dense Regression Branch 損失，使用了 mesh decoder（一種基於圖卷積的方式），並透過 2D 人臉映射 3D 模型再解碼成 2D 人臉圖片，獲得了 Dense Regression Loss。大多數基於機器學習的人臉檢測技術都引入了人臉分類的損失（Classification Loss）、人臉臉框回歸損失、人臉關鍵點 landmark 的回歸損失。這裡的調節參數分別設定為 0.25、0.1 和 0.01。相對於 Dense Regression 而言，臉框和人臉關鍵點的權重更高、更重要。

從模型結構上來說，RetinaFace 參考了特徵金字塔和 Context Module 的實現方式，如圖 3-8 所示。其中，左半部分是典型的特徵金字塔 FPN，借助 bottom-up、top-down 和 lateral connection 的組合方式使高低解析度和高低語義資訊的特徵相融合，從而使得不同尺度 Feature Map 獲取到全方位更豐富的資訊。語義模型 Context Module 透過增大感受野可以進行較小的面部辨識。

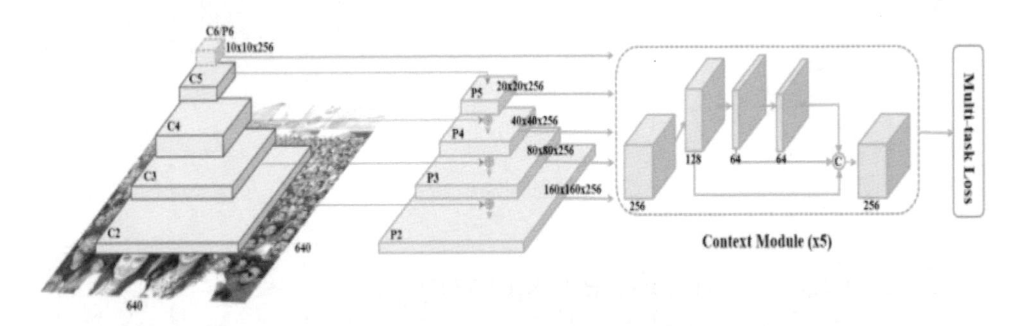

▲ 圖 3-8 RetinaFace 模型結構圖

RetinaFace 目前已經有了開放原始碼實現，並且可以用 pip 來進行安裝（透過簡單的命令列 #!pip install retina-face 即可完成安裝），不過可能需要安裝依賴安裝套件。

接下來我們透過簡單的命令列匯入 RetinaFace 庫，透過傳遞圖片的路徑呼叫面部辨識函數讓輸出中包含人臉辨識的置信分、面部區域的座標、人臉關鍵點座標和對應的置信分數等。

程式清單 3-4 RetinaFace 的呼叫和輸出範例

```
from retinaface import RetinaFace
img_path = "test.jpg"
faces = RetinaFace.detect_faces(img_path)
```

```
###output
{
   "face_1": {
      "score": 0.9995620805842468,
      "facial_area": [156, 79, 425, 441],
      "landmarks": {
        "right_eye": [256.79826, 208.63562],
        "left_eye": [374.79427, 250.77857],
        "nose": [302.4773, 298.79034],
        "mouth_right": [227.67195, 337.16193],
        "mouth_left": [319.19982, 376.47698]
      }
   }
}
```

2. 面部關鍵點檢測（Face Alignment）

（1）人臉關鍵點標記

人臉關鍵點標記了臉部的重要特徵點，通常在人臉辨識、表情分析以及各類美顏應用中有著廣泛的應用。目前常見的標記點有 5 點、68 點和 106 點標注，而 68 點標注是使用最廣泛的標注方式，並在 OpenCV 中的 Dlib 演算法中採用。

程式清單 3-5 Dlib 呼叫程式範例

```
import cv2
import dlib
import numpy as np

detector = dlib.get_frontal_face_detector()
predictor = dlib.shape_predictor("data/shape_predictor_68_face_
landmarks.dat")
```

```
img = cv2.imread("test.jpg")
img_gray = cv2.cvtColor(img, cv2.COLOR_RGB2GRAY)

rects = detector(img_gray, 0)
for i in range(len(rects)):
   landmarks = np.matrix([[p.x, p.y] for p in predictor(img, rects[i]).
parts()])
   for idx, point in enumerate(landmarks):
      pos = (point[0, 0], point[0, 1])
      cv2.circle(img, pos, 2, color=(0, 255, 0))
      font = cv2.FONT_HERSHEY_SIMPLEX
      cv2.putText(img, str(idx + 1), None, font, 0.8, (0, 0, 255), 1,
cv2.LINE_AA)

cv2.namedWindow("testImage", 2)
cv2.imshow("testImage", img)
cv2.waitKey(0)
```

執行該程式的結果如圖 3-9 所示，可以看出 68 個特徵點都被標記出來。

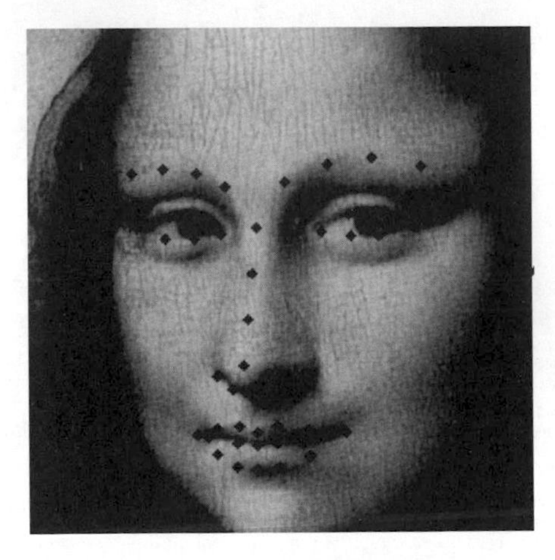

▲ 圖 3-9 人臉標記結果

(2) 更進一步地擬合人臉

到 2013 年，湯曉鷗等第一次使用 CNN 卷積神經網路應用到人臉關鍵點定位上。人臉關鍵點標記的發展有近 30 年的歷史。從 1995 年 Cootes 提出的基於 ASM（Active Shape Model）的生成式方法（Generative Methods），透過將人臉對齊作為最佳化問題來處理，該模型能夠尋找最佳的參數，這類深度學習的方法稱為判別式方法（Discriminative Method）。直接從外觀推斷目標位置，或採用局部回歸器來定位面部關鍵點，進而使用全域形狀模型進行調整並使其規劃化。

2017 年諾丁漢大學的 Adrian Bulat 等人提出了 2D 和 3D 人臉對齊的 Face Alignment Network（FAN）的實現演算法，基於深度學習的方法可以同時完成 2D 和 3D 關鍵點的分析獲取，相對於之前的演算法，包含了一些新的技術和突破。

- 將最先進的人臉特徵定位與最先進的殘差模組相結合，建構了一個非常強大的基準線，在一個龐大的 2D 人臉資料集上進行訓練，最後在所有其他 2D 人臉特徵資料集上進行評估。
- 將 2D 特徵點標注轉為 3D，並創建了迄今為止最大和最具挑戰性的 3D 人臉特徵資料集 LS3D-W（約 230000 張影像）。
- 訓練神經網路進行 3D 人臉對齊並在 LS3D-W 上進行評估。
- 進一步研究影響面部對齊性能的所有「傳統」因素的影響，如大姿勢、初始化和解析度，並引入一個「新」因素，即網路的大小。
- 結果表明該演算法對 2D 和 3D 人臉對齊網路都實現了非常好的性能。

這裡主要介紹一下 FAN 的開放原始碼實現。透過下述程式的執行結果可以看出，該演算法在不同頭部姿態、不同光源以及部分遮擋的圖片上具有很好的表現，這為後續的即時表情遷移用於虛擬偶像表情驅動奠定良好的基礎和支撐，如圖 3-10 所示。

▲ 圖 3-10 基於 FAN 演算法的人臉特徵點標記結果

程式清單 3-6 face_alignment 呼叫範例

```
import face_alignment
from skimage import io
fa = face_alignment.FaceAlignment(face_alignment. LandmarksType._2D,
flip_input=False)

input = io.imread('test.jpg')
preds = fa.get_landmarks(input)
```

在此之前我們介紹一下 CNN 卷積神經網路。CNN 廣泛用於圖片辨識和分類的各種領域中，並在人臉辨識和自動駕駛很多場景中得到廣泛應用。LeNet 作為第一個提出的 CNN 架構用於字元辨識，透過 Convolution、ReLu、Polling 和 Classification 等步驟組成了基本的 CNN 結構，並且可以透過增加網路的層次獲取更加抽象的特徵。這裡以影像分類（人臉辨識）為例子，第一層網路可能會透過像素點獲取輪廓邊緣資訊，第二層網路透過輪廓獲取簡單的形狀資訊，比如眼睛、鼻子等，第三層網路獲取更高維度的資訊，比如完整的人臉，如圖 3-11 所示。

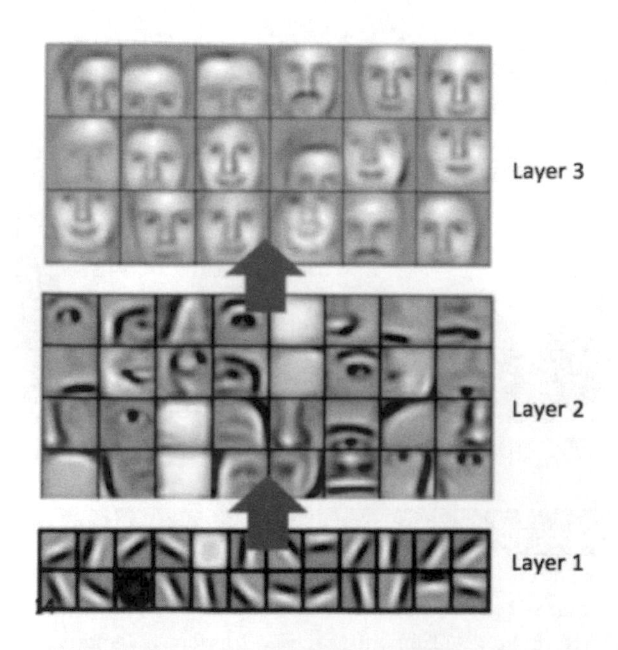

▲ 圖 3-11　多層次辨識不同層級的人臉特徵

這裡介紹一下 Stacked Hourglass 演算法（模型見圖 3-12），它是一種解決人體姿態分析和面部檢測問題的經典演算法。Stacked Hourglass 模型透過利用多尺度特徵來辨識姿態，並且可以在不同的 feature map 上利用最佳的辨識準確度對不同的部位進行辨識。

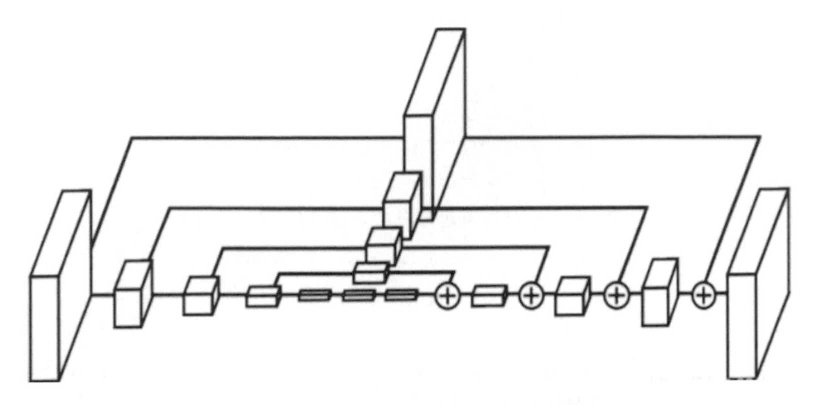

▲ 圖 3-12 沙漏 Hourglass 模型

程式清單 3-7 殘差網路定義

```
def _residual(self, inputs, numOut, name = 'residual_block'):
    with tf.name_scope(name):
        convb = self._conv_block(inputs, numOut)
        skipl = self._skip_layer(inputs, numOut)
        if self.modif:
            return tf.nn.relu(tf.add_n([convb, skipl], name = 'res_block'))
        else:
            return tf.add_n([convb, skipl], name = 'res_block')

def _skip_layer(self, inputs, numOut, name = 'skip_layer'):
    with tf.name_scope(name):
        if inputs.get_shape().as_list()[3] == numOut:
            return inputs
        else:
            conv = self._conv(inputs, numOut, kernel_size=1,
         strides = 1, name = 'conv')
            return conv
```

```
def _conv_block(self, inputs, numOut, name = 'conv_block'):
      with tf.name_scope(name):
         with tf.name_scope('norm_01'):
            norm_01 = tf.contrib.layers.batch_norm(inputs, 0.8,
    epsilon=1e-5, activation_fn = tf.nn.relu, is_training = self.training)
            conv_01 = self._conv(norm_1, int(numOut/2),
kernel_size=1, strides=1, pad = 'VALID', name= 'conv')
         with tf.name_scope('norm_02'):
            norm_02 = tf.contrib.layers.batch_norm(conv_01, 0.8,
epsilon=1e-5, activation_fn = tf.nn.relu, is_training = self.training)
            pad = tf.pad(norm_2, np.array([[0,0],[1,1],[1,1],[0,0]]),
name= 'pad')
            conv_02 = self._conv(pad, int(numOut/2), kernel_size=3,
strides=1, pad = 'VALID', name= 'conv')
         with tf.name_scope('norm_03'):
            norm_03 = tf.contrib.layers.batch_norm(conv_02, 0.8,
epsilon=1e-5, activation_fn = tf.nn.relu, is_training = self.training)
            conv_3 = self._conv(norm_3, int(numOut), kernel_size=1,
strides=1, pad = 'VALID', name= 'conv')
         return conv_03
```

Hourglass 是由殘差模組組成的，透過上下兩個通路以及殘差模組的建構提取更深層次的特徵。殘差模組是一種旁路相加的結構（見圖 3-13），透過對卷積路和跳級路的疊加，可以在提取高層次特徵的同時保留原來的層次資訊。這裡可以看出基本機構包含兩個通路，上通路在原來的尺寸進行，通路透過先降採樣再升採樣的過程進行處理。圖 3-14 顯示一階 Hourglass 的結構，類似的多階結構可以透過遞迴替換虛線框中的結構獲取。

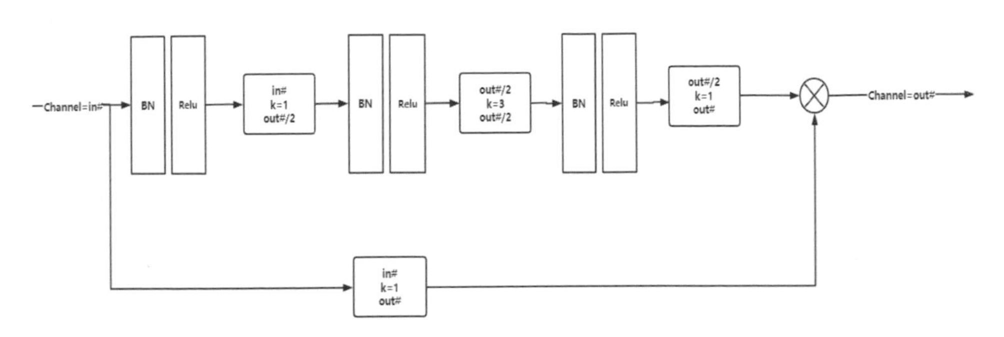

▲ 圖 3-13 殘差模組的結構

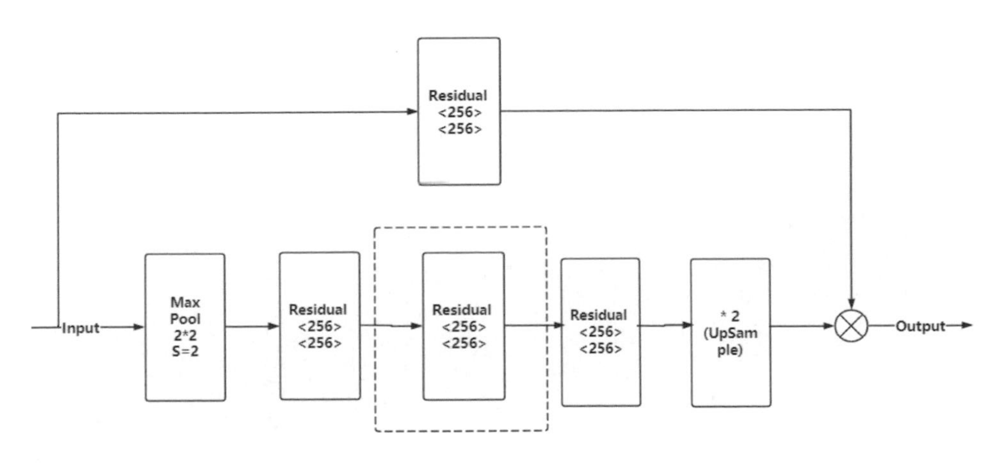

▲ 圖 3-14 一階 Stacked Hourglass 的結構

同理，我們可以獲得四階 Hourglass，如圖 3-15 所示。這裡降採樣採用 MaxPooling 的方式，升採樣採用最近鄰 Nearest 將分配率提升一倍，每次升採樣後和上一個尺寸的資料相加，並且在降採樣之前新建一層保留原始尺寸資訊。

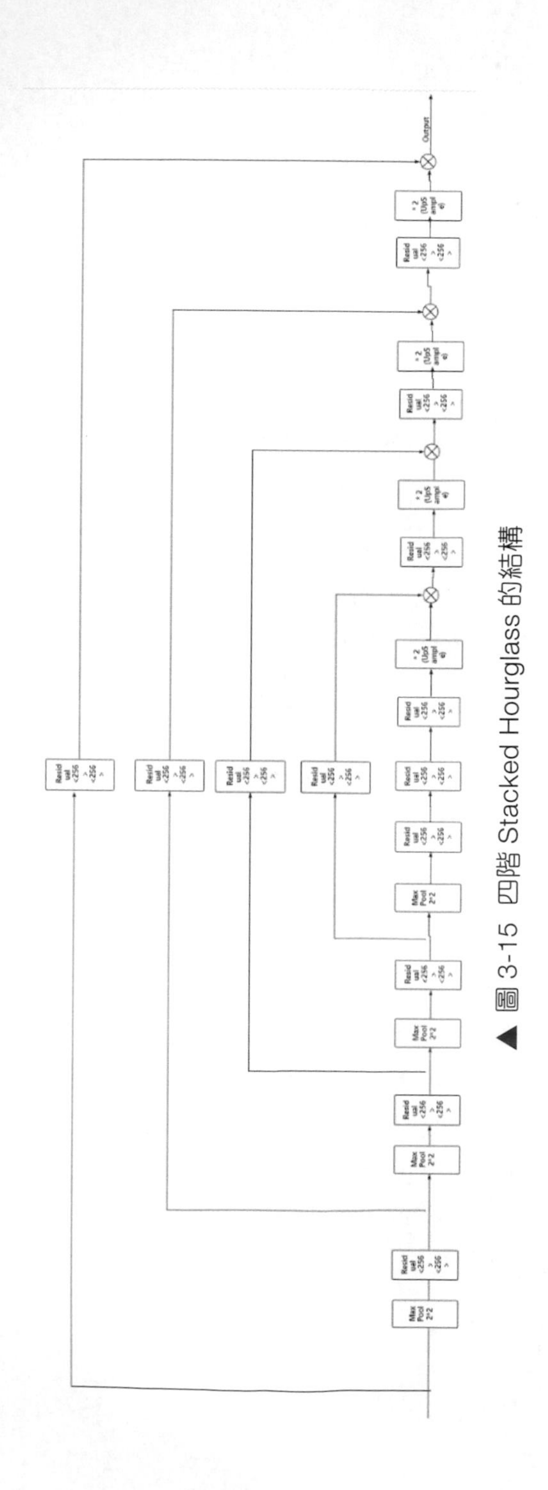

▲ 圖 3-15 四階 Stacked Hourglass 的結構

最終，生成每個關鍵點的 heat map，並得出各個關節點的機率，選擇機率值最高的部分作為各關鍵部位的位置推斷。

程式清單 3-8 Stacked Hourglass 模型定義

```
def _hourglass(self, inputs, n, numOut, name = 'hourglass'):
   with tf.name_scope(name):
      up_01 = self._residual(inputs, numOut, name = 'up_01')
      low_ = tf.contrib.layers.max_pool2d(inputs, [2,2], [2,2],
padding='VALID')
      low_01= self._residual(low_, numOut, name = 'low_01')

      if n > 0:
         low_02 = self._hourglass(low_01, n-1, numOut, name = 'low_02')
      else:
         low_02 = self._residual(low_01, numOut, name = 'low_02')

      low_03 = self._residual(low_2, numOut, name = 'low_03')
      up_02 = tf.image.resize_nearest_neighbor(low_3, tf.shape(low_3)
[1:3]*2, name = 'upsampling')
      if self.modif:
         return tf.nn.relu(tf.add_n([up_02,up_01]), name='out_hg')
      else:
         return tf.add_n([up_02,up_01], name='out_hg')
```

3.2 PyTorch 基礎及應用

本節介紹當前流行的深度學習框架 PyTorch，包括其安裝和簡單使用。

3.2.1 PyTorch 概述

Torch 是一個機器學習演算法框架，而 PyTorch 由 Facebook 的人工智慧團隊開發，是基於 Torch 框架上建立的基於 Python 語言並針對 Python 做了最佳化以運行 Python 更有效的開放原始碼機器學習框架。

PyTorch 支援動態計算圖，提供了支援 Dynamic Computional Graphs 的計算平台，可以在執行時期進行修改，同時 PyTorch 具有非常好用的介面，容易理解和使用，也保留了 Torch 多層疊加的特性。在使用上，PyTorch 和 NumPy 非常接近，可以認為是 NumPy 在 GPU 上的擴充。相比 TensorFlow 和其他命令式程式語言，PyTorch 可以透過反向求導技術減少 TensorFlow 等靜態框架修改網路結構時必須從頭建構的困擾，從而可以快速建構並修改神經網路。

3.2.2 PyTorch 的安裝

安裝 PyTorch 的方法很多，這裡介紹一下基於 Anaconda 的安裝方式。

（1）首先打開 PyTorch 的官方網站，選擇 PyTorch 版本、作業系統、Conda 安裝套件、Python 語言以及 GPU 平台版本（這裡選擇 CUDA 或 CPU），如圖 3-16 所示。

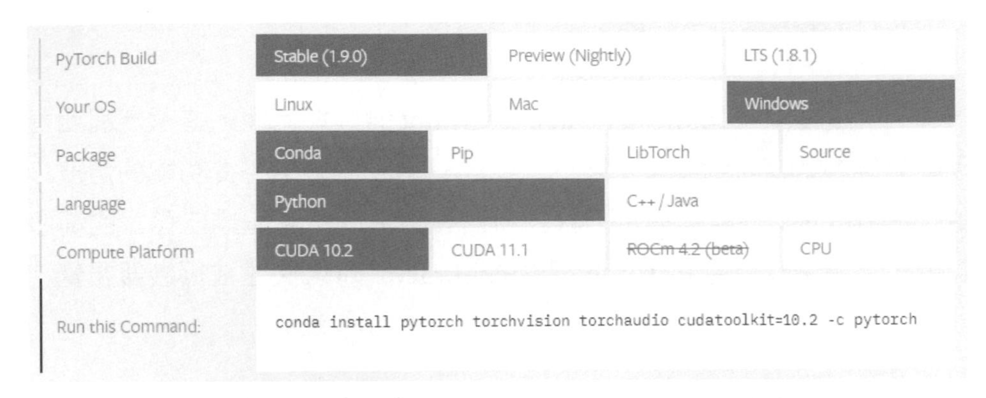

▲ 圖 3-16 PyTorch 官方網站安裝命令生成器

（2）打開 Anaconda 管理器，選擇 Anaconda 命令列，複製貼上上述網站上的安裝命令：

```
conda install pytorch torchvision torchaudio cudatoolkit=10.2 -c pytorch
```

（3）等待安裝完成後，透過運行以下程式查看安裝結果，如果沒顯示出錯資訊就表示安裝成功：

```
import torch
print(torch.__version__)

x=torch.rand(2,2)
print(x)
```

3.2.3 PyTorch 的使用

PyTorch 是一個開放原始碼的機器學習框架，其創造性地加速了從研究原型到產品部署的整個過程。一般而言學習新框架從基礎特性著手，

PyTorch 主要包含以下特點：

（1）首先它支持一個完整的 Deep Learning 的專案流程，這個流程涵蓋了從研究性的試驗到生產環境的部署的點對點的方案。從功能的角度來說，PyTorch 支持神經網路，啟動和損失函數以及各種最佳化器的高級封裝；另外可以使用 PyTorch 相關的 library，可以快速進行機器視覺、自然語言處理以及語音分析的應用。

（2）PyTorch 的另一個特性是支援機器學習模型和應用的快速迭代，其附帶的 autograd 變數自動求導，可以透過一個簡單的函數呼叫即可實現複雜的神經網路後向傳播過程。

（3）從模型部署和量化的角度來說，PyTorch 提供了 torchscript 工具，它可以將 PyTorch 程式轉化成序列化和最佳化的模型；與此同時，PyTorch 還提供了模型部署工具 torchserve，用來部署 PyTorch 模型以進行企業級規模的模型推理。

在 PyTorch 中有幾種常見概念：分別是 PyTorch 張量、數學運算、Autograd 模組、Optim 模組、神經網路模組。

PyTorch 中重要的概念——Tensor，即張量，Tensor 作為 PyTorch 中的重要的資料結構，通常被用來儲存和轉換資料的工具，可能是一個向量、矩陣或高緯張量等。Tensor 提供了類似 NumPy 的介面設計，並且從功能和使用方式上和 NumPy 的 ndarrays 比較相似，但區別在於 Tensor 可以運行在 GPU 或其他硬體加速器上。

目前 Tensor 支援的類型如表 3-1 所示，其支援 8 種 GPU tensor 類型和 8 種 CPU tensor 類型。

表 3-1 PyTorch 常見的 tensor 類型

Data type	GPU tensor	CPU tensor
32-bit floating point	torch.cuda.FloatTensor	torch.FloatTensor
64-bit floating point	torch.cuda.DoubleTensor	torch.DoubleTensor
16-bit floating point	torch.cuda.HalfTensor	torch.HalfTensor
8-bit integer (unsigned)	torch.cuda.ByteTensor	torch.ByteTensor
8-bit integer (signed)	torch.cuda.CharTensor	torch.CharTensor
16-bit integer (signed)	torch.cuda.ShortTensor	torch.ShortTensor
32-bit integer (signed)	torch.cuda.IntTensor	torch.IntTensor
64-bit integer (signed)	torch.cuda.LongTensor	torch.LongTensor

而數學運算是使用 PyTorch 提供的介面函數進行運算，比如矩陣的加、減法和二維或多維矩陣的乘法等，目前支持超過 180 多種常見的數學計算。

autograd 模組提供了一種自動微分（Automatic Differetiation）的方式，透過記錄所有執行操作，然後重播記錄從而進行梯度的計算，常用於創建神經網路中以提高效率。下述程式範例顯示了一個 autogard 的呼叫過程。

程式清單 3-9 autograd 方法

```
import torch
from torch.autograd import Variable

x=torch.randn(3)
print(x)
# tensor([1.5370, 0.3553, 0.7595])
```

```
vx=Variable(x,requires_grad=True)
print(vx)
# tensor([1.5370, 0.3553, 0.7595], requires_grad=True)

y=x+2
print(y)
# tensor([3.5370, 2.3553, 2.7595], grad_fn=<AddBackward0>)
```

autograd 方法的呼叫示意圖如圖 3-17 所示。

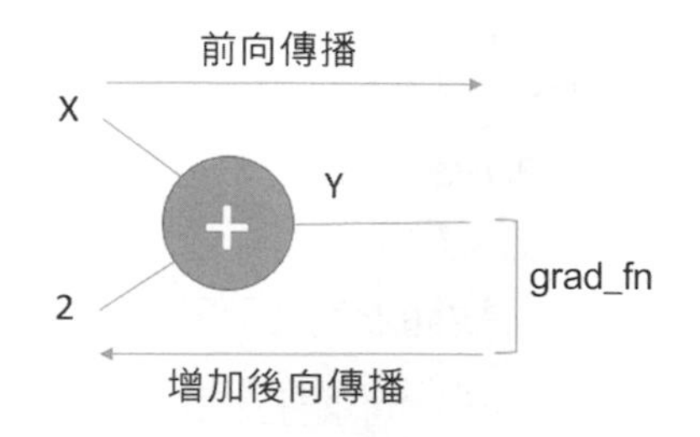

▲ 圖 3-17 autogard 的呼叫示意圖

Torch.optim 是一個最佳化演算法的模組，用於建構神經網路，並且借助該最佳化器可以自動更新權重；optim 模組涵蓋了很多深度學習常用的最佳化演算法，比如 Adam，RMSProp 等。

程式清單 3-10 optim 最佳化器方法

```
optimizer = torch.optim.RMSprop(model.parameters(), lr=learning_rate)#
tensor()
```

作為神經網路模組，PyTorch 的 nn 模組用於快速創建神經網路層，透過指定輸入和輸出，快速建構複雜的神經網路。

程式清單 3-11 nn 神經網路方法

```
import torch
import torch.nn as nn

class Model(nn.Module):
    def __init__(self):
        super().__init__()
        self.layer1=nn.Linear(128,32)
        self.layer2=nn.Linear(32,16)
        self.layer3=nn.Linear(16,1)

    def forward(self,features):
        x=self.layer1(features)
        print(x.shape)
        #(32,128)
        x=self.layer2(x)
        #(32,32)
        x=self.layer3(x)
        #(32,1)
        return x
```

PyTorch 常見模組執行示意圖如圖 3-18 所示。

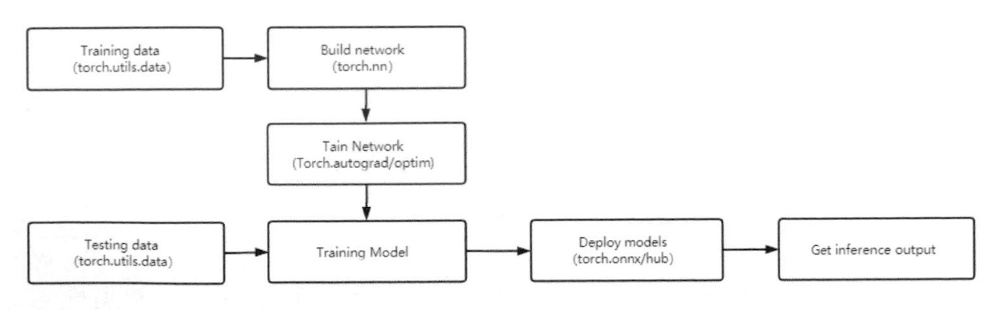

▲ 圖 3-18 PyTorch 常見模組執行示意圖

創建一個 Tensor，引入 PyTorch 套件。

程式清單 3-12 Tensor 創建範例程式

```
import torch
print(torch.__version__)  #輸出Torch的版本編號

x=torch.empty(4,3)  #創建未初始化的Tensor
x=torch.rand(4,3)   #創建隨機初始化的Tensor
#  tensor([[0.5701, 0.7696, 0.7158],
#         [0.0885, 0.4214, 0.8569],
#          [0.8384, 0.1906, 0.0332],
#         [0.2917, 0.0507, 0.2818]])

print(x.shape)   #獲取Tensor的形狀
print(x.size())
#  torch.Size([4, 3])
#  torch.Size([4, 3])

y = torch.zeros(4,3)  #創建全為0的Tensor
#  tensor([[0., 0., 0.],
#      [0., 0., 0.],
#      [0., 0., 0.],
#      [0., 0., 0.]])

z = torch.ones(4,3)  #創建全為1的Tensor

#  tensor([[1., 1., 1.],
#      [1., 1., 1.],
#      [1., 1., 1.],
#      [1., 1., 1.]])
```

當我們創建 Tensor 時，會自動根據張量元素指定 Tensor 的資料型態。當然，也可以覆蓋資料型態重新指定。

程式清單 3-13 指定 Tensor 的資料型態

```
int_tensor=torch.tensor([[0,1,2],[3,4,5]])
print(int_tensor.dtype)
# torch.int64

float_tensor=torch.tensor([[0,1,2.0],[3,4,5]])
print(float_tensor.dtype)
# torch.float32

int_tensor=torch.tensor([[0,1,2.0],[3,4,5]],dtype=torch.int32)
print(int_tensor.dtype)
# torch.int32
```

可以透過 numpy() 和 from_numpy() 將 Tensor 和 NumPy 進行轉換。

程式清單 3-14 Tensor 和 NumPy 陣列的轉換

```
import numpy as np

a=torch.rand(4,3)    #創建隨機初始化的Tensor
a_numpy=a.numpy()
print(a_numpy)

# [[0.9461017  0.6483156  0.7868583 ]
# [0.9562039  0.21348149 0.15899396]
# [0.7485612  0.6835172  0.22847831]
# [0.52555925 0.435982   0.14639515]]

b=np.array([[1,2,3,4],[5,6,7,8]])
b_tensor=torch.from_numpy(b)
print(b_tensor)

# tensor([[1, 2, 3, 4],
#     [5, 6, 7, 8]], dtype=torch.int32)
```

可以透過一些數學函數進行四則運算。

程式清單 3-15 基於 Tensor 的數學四則運算

```
##加法
x=torch.tensor([[1,2],[3,4]])
print(x.shape)
y=torch.tensor([[3,4],[1,2]])
print('x+y',torch.add(x,y))
# x+y tensor([[4, 6],
#      [4, 6]])

##減法
print('x-y',torch.sub(x,y))
# x-y tensor([[-2, -2],
#      [ 2,  2]])

##乘法
print('x*2',x*2)
##基於元素的乘法
print('x*y',x*y)
# x*y tensor([[3, 8],
#      [3, 8]])
##矩陣的乘法
print(torch.mm(x,y))
# tensor([[ 5,  8],
#      [13, 20]])

##除法
print('x/2',x/2)
# x/2 tensor([[0, 1],
#      [1, 2]])
print('x/y',x/y)
# x/y tensor([[0, 0],
#      [3, 2]])
```

使用 to() 函數可以將 Tensor 在 GPU 或 CPU 之間移動，在有 GPU 的機器上轉換成 GPU 類型的 Tensor 可以利用平行計算的特性來加速運算，在深度學習中具有廣泛的應用。

程式清單 3-16 Tensor 在 GPU 上的計算

```
#創建一個基於CPU的Tensor
tensor_for_cpu = torch.tensor([[1.0, 2.0, 3.0],[ 4.0, 5.0, 6.0]],
device='cpu')
# tensor([[1., 2., 3.],
#      [4., 5., 6.]])

#創建一個基於GPU的Tensor
tensor_for_gpu = torch.tensor([[1.0, 2.0, 3.0],[ 4.0, 5.0, 6.0]],
device='cuda')
# tensor([[1., 2., 3.],
#      [4., 5., 6.]], device='cuda:0')

#互相轉換
tensor_cpu_gpu = tensor_for_cpu.to(device='cuda')
# tensor([[1., 2., 3.],
#      [4., 5., 6.]], device='cuda:0')
```

這裡介紹一個透過 PyTorch 實現卷積神經網路 CNN 的例子。卷積神經網路是我們在日常工作學習中經常遇到的網路框架，而且經常用於圖片處理的相關場景中，透過提取低緯度的邊緣特徵開始，然後到一些高緯度的特徵。下面的程式範例是一個典型的圖形分類的問題，包含了 2 層卷積層，透過歸一化和池化函數的組合建構一層全連接層，最後輸出預測的分類，透過 One hot 計算出各標籤的機率，然後透過 argmax 得出最後的選擇。由於是解決分類問題，因此這裡引入交叉熵損失函數（Cross Entropy Loss）用於描述模型和理想的距離。

程式清單 3-17 圖形分類

```
class CNNNet(Module):
    def __init__(self):
        super(CNNNet, self).__init__()

        self.cnnlayers = Sequential(
            #創建第一層卷積
                (1, 4, kernel_size=3, stride=1, padding=1),
            BatchNorm2d(4),
            MaxPool2d(kernel_size=2, stride=2),
            #創建第二層卷積
            Conv2d(4, 4, kernel_size=3, stride=1, padding=1),
            BatchNorm2d(4),
            MaxPool2d(kernel_size=2, stride=2),
        )

        self.linear_layers = Sequential(
            Linear(4 * 7 * 7, 6)
        )

    # Defining the forward pass
    def forward(self, x):
        x = self.cnnlayers(x)
        x = x.view(x.size(0), -1)
        #只有轉換成二維張量後才能作為全連接的輸入
        x = self.linear_layers(x)
        return x

#接下來給這個模型增加損失函數等
model = CNNNet()
#定義最佳化器
CNN_Optimizer = optim.Adam(model.parameters(), lr = 0.0001)
#定義損失函數
loss= CrossEntropyLoss()
if torch.cuda.is_available():
```

```
    model=model.cuda()
    loss= loss.cuda()
print(model)
```

在之前的章節中我們介紹了如何上手使用 PyTorch，這裡介紹基於 Torchvision Package 預訓練模型的圖形分類演算法的實現方式。Torchvision Package 是一個基於 PyTorch 的工具集，主要用於處理圖形影片等，包含了常用的資料集、模型結構和圖形轉換工具等。Torchvision 裡也包含了關於圖形影片的資料集，比如常見的 COCO（用於影像標注和物件辨識）和 imagenet（由史丹佛大學發起，包含了 1400 萬張圖片以及對應的分類和標注，目前包含 2 萬個不同的類別）。同理，在 Torchvision 的 models 模組中包含目前流行的 AlexNet、ResNet、VGG 和 DenseNet 模型等。這裡使用預訓練模型 Alexnet 和 ResNet 等可以直接接收圖片作為輸入，然後透過模型輸出其類別。

影像分類的步驟是先讀取輸入圖片，然後對圖片資料進行前置處理（影像切割、影像正則化等），接著將處理後的資料登錄模型進行前向傳播，最後根據輸出顯示預測結果。

程式清單 3-18 載入預訓練模型

```
from torchvision import models
import torch
model = models.alexnet(pretrained=True)
device = torch.device('cuda') if torch.cuda.is_available() else torch.
device('cpu')
model.to(device)
model.eval()
```

執行好上述程式後，AlexNet 的預訓練模型檔案（通常尾碼為 .pth 或 .pt）會下載到本地。這裡透過制定 CUDA 來利用 GPU 進行模型載入和後續的推理。接下來介紹圖片的前置處理步驟。

程式清單 3-19 圖片前置處理

```
import torchvision.transforms as transforms
from torchvision import transforms
loader = transforms.Compose([                    #(1)
   transforms.Resize(256),                       #(2)
   transforms.CenterCrop(224),                   #(3)
   transforms.ToTensor(),                        #(4)
   transforms.Normalize(                         #(5)
   mean=[0.485, 0.456, 0.406],                   #(6)
   std=[0.229, 0.224, 0.225]                     #(7)
   )])
```

（1）為了將輸入資料符合預訓練模型的尺寸，我們這裡需要對 PIL.Image 進行變換，並透過 transforms.Compose 類別將多個 transform 串聯起來使用。

（2）將圖片縮放尺寸為 256×256，將最小邊長縮放到 256 像素，另一邊按照原長寬比進行縮放。

（3）將圖片中心切割成 224×224 像素的正方形。

（4）將圖片物件轉換成 Shape 為 [Channel,Height,Width] 的 PyTorch 的資料型態。

（5）將圖片中心切割成 224×224 像素的正方形。

（6）根據給定的平均值和方差將 Tensor 進行正則化處理，即 Normalized_image = (image- mean)/ std。

接下來透過 PIL（Pillow 模組）讀取圖片、轉換圖片並輸出到預訓練模型中進行推理。

程式清單 3-20 模型推理

```
from PIL import Image
image = Image.open('cat.jpg')
img_tensor = loader(img)
batch_tensor = torch.unsqueeze(img_tensor, 0)
model.eval()
out = model(batch_tensor)
_, index = torch.max(out, 1)
perc = torch.nn.functional.softmax(out, dim=1)[0] * 100
print(labels[index[0]], perc[index[0]].item())
```

AlexNet 的輸出會包含 1000 個常見分類以及相關的置信度，這裡輸出最大值得出機器認為的輸出結果。

有了上述例子和經驗，我們了解了使用 PyTorch 進行圖片前置處理和推理的方法，同時為後續基於 PyTorch 的動作同步框架等奠定了理論和實踐基礎。

3.2.4 基於 PyTorch 的動作同步演算法

目前 Pose estimation 有兩種主流方式：

- 第一種是 top-down 方法，首先判斷圖片中是否包含人體，如果包含就根據邊緣方框做基於單一人體的姿態估計，如果包含多個人體就重複這個步驟，得出整個圖片的 Pose estimation。這種方式的缺點顯而易見，如果包含人體過多，就會拖慢整個檢測和推理的速度。

- 第二種方法是自下而上的，基本思想是獲取到關鍵點位置，然後推斷骨架的組成。其關鍵步驟是透過一個關鍵點親和場（PAFs）來實現。

之前我們介紹了基於 TensorFlow 的面部表情遷移演算法，這裡我們引入人體姿態辨識專案 OpenPose，介紹基於 PyTorch 的 OpenPose 的開放原始碼實現。

OpenPose 被認為是人體姿態估計機器學習方向的里程碑，是卡內基美隆大學的 Ginés Hidalgo、Zhe Cao、Tomas Simon 等人提出的，用於單張圖片即時檢測多個人物人體、面部表情和手部 / 腳部運動的處理框架（包含 135 個關鍵點）。OpenPose 廣泛使用在各種應用中，比如的動作檢測用於虛擬健身教練等，當然也可以使用在虛擬人物動作的遷移上。透過 OpenPose 獲取影片人物或即時串流的人體姿態關鍵點，進而生成 vmd 動畫檔案，最好匯入 Unity 或 Blender 等 3D 動畫引擎中，透過骨骼綁定匯入動作檔案，從而驅動 3D 模型使得虛擬人物動起來。

OpenPose 的主要功能是用於 2D 即時多人關鍵點檢測：

- 15、18 或 25 個關鍵點身體 / 腳關鍵點姿態估計（其中包括 6 個腳部關鍵點）。
- 21 關鍵點手動關鍵點估計以及 70 關鍵點人臉關鍵點估計等。

目前的輸入包含圖片、影片、攝影機以及深度攝影機等。其輸出可以保存圖片格式或將關鍵點以 JSON/XML 等檔案形式儲存，以便後期加工處理。作業系統支援 Windows 或 Linux/MAC 等系統，目前支援 CUDA/OpenCL 以及 CPU 等。

OpenPose 可以輸出 2D 或 3D 的座標位置，但是 3D 座標輸出依賴於景深攝影機，這裡引入另一種解決方案，透過 2D 估算點來推斷在 3D 空間裡的位置和旋轉角度。

首先我們看一下 OpenPose 裡的輸出，目前 OpenPose 透過制定 write_json 參數可以將人體關鍵點根據每一幀輸出到 JSON 檔案中。其中，pose_keypoints_2d 用來表示身體部位的位置和置信度，以 x0,y0,c0, x1,y1,c1… 等來表示；face_keypoints_2d、hand_left_keypoints_2d 等表示面部和手部的位置資料。

程式清單 3-21 OpenPose 輸出範例

```
{
      "version":1.1,
      "people":[
      {
         "pose_keypoints_2d":[582.349,507.866, 0.845918,746.975,
631.307,0.587007,...],
         "face_keypoints_2d":[468.725,715.636, 0.189116,554.963,
652.863,0.665039,...],
         "hand_left_keypoints_2d":[746.975, 631.307,0.587007,
615.659,617.567,0.377899,...],
         "hand_right_keypoints_2d":[617.581, 472.65,0.797508, 0,0,0,723
.431,462.783,0.88765,...]
         "pose_keypoints_3d":[582.349,507.866,507.866, 0.845918,507.866
,746.975,631.307,0.587007,...],
         "face_keypoints_3d":[468.725,715.636, 715.636,0.189116, 715.63
6,554.963,652.863,0.665039,...],
         "hand_left_keypoints_3d":[746.975, 631.307,631.307, 0.587007,6
31.307,615.659,617.567,0.377899,...],
```

```
        "hand_right_keypoints_3d":[617.581, 472.65,472.65, 0.797508,47
2.65,0,0,0,723.431,462.783,0.88765,...]
    }
],
```

接下來我們將 2D 預測點（常見的為 18 預測點）轉換成 3D 空間下的預測點。這裡引入一種基於 GAN 的將 2D 空間的座標映射到 3D 空間的估算方法，訓練資料集合採用 Human3.6M 目前最完整的 3D 圖片資料集，輸出結果是滿足 Human3.6M 的骨骼節點（見圖 3-19）格式的資料集。

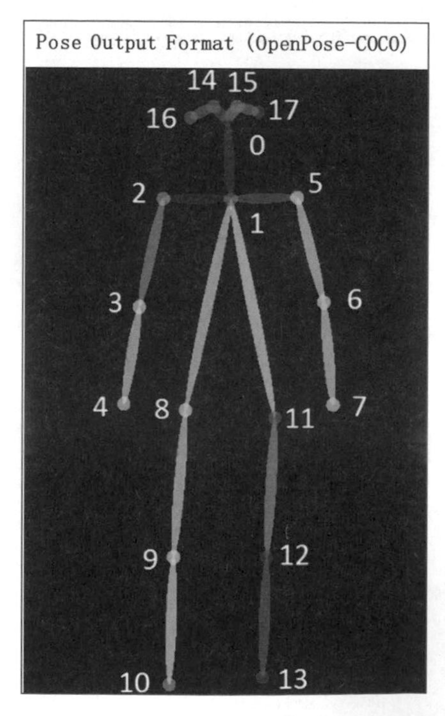

▲ 圖 3-19 OpenPose-COCO 骨骼示意圖

該模型是 Kudo、Ogaki 於 2018 年提出的一種基於 GAN 的 2D 轉 3D 座標系的有效嘗試。其想法是透過給到的 2D 關鍵點的位置（x, y），生成器 Generator 針對每對座標對生成 z 軸的位置，最終的 3D 姿態是透過 y 軸的分量旋轉角度獲得的，而旋轉得到的姿態後續會映射到 X、Y 平面中去，進而用 discriminator 判別器來區別 2D 姿態和映射後的 3D 姿態之間的差別，如圖 3-20 所示。

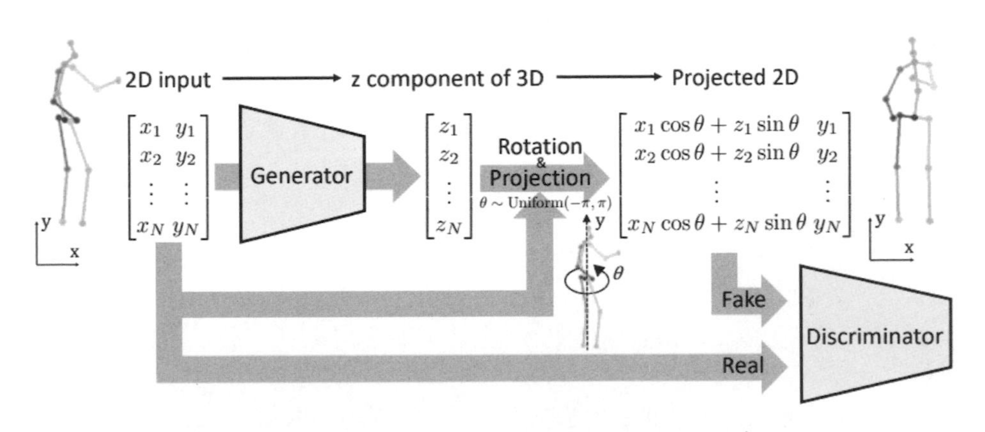

▲ 圖 3-20 2D 轉 3D 座標的 GAN 模型示意圖

接下來將 3D 結果點透過 DCM 餘弦計算出旋轉尤拉角度，進而生成 BVH 檔案。這裡需注意，轉換成 3D 空間下的關鍵點順序和 BVH 有些區別。這裡使用的演算法輸出的是符合 Human3.6M 的骨骼結構（見圖 3-21），需要進行映射後根據 BVH 檔案結構寫入，其中包含 Hierarchy 和 Motion 部分。

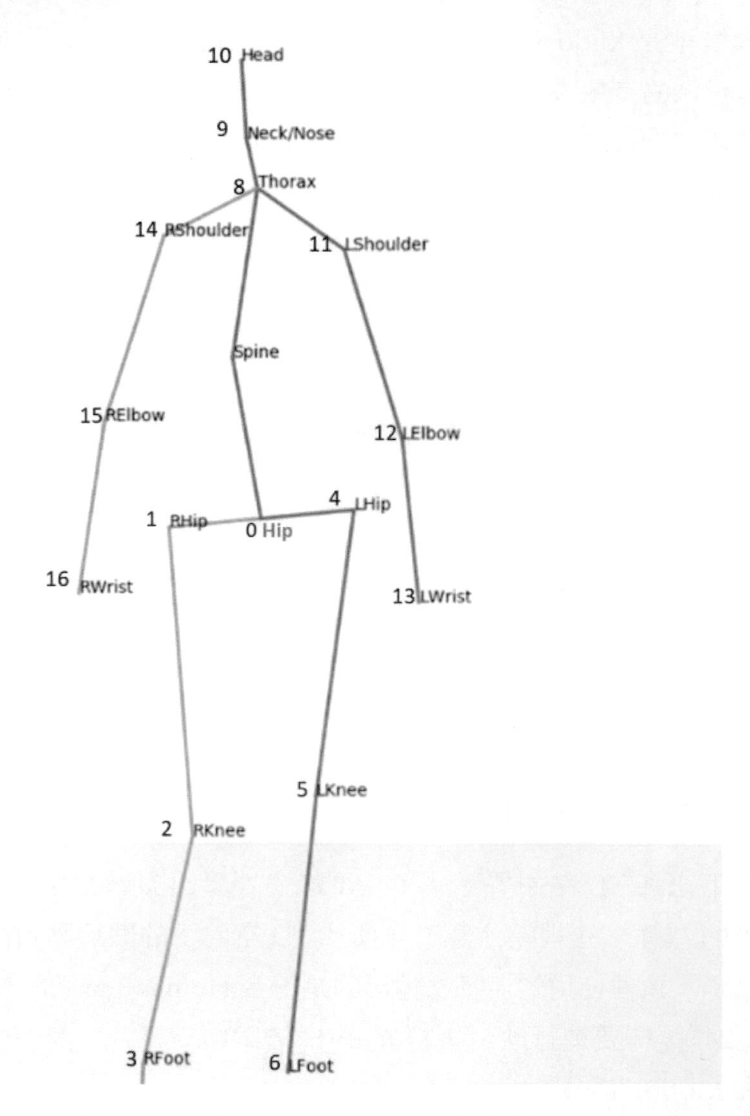

▲ 圖 3-21 基於 Human3.6M 的骨骼節點

3.3 小結

本章首先介紹了機器學習框架 TensorFlow 和 PyTorch 的使用方式，後面講解了如何基於 TensorFlow 和 PyTorch 實現人臉檢測、面部關鍵點預測，從而進行表情遷移和動作捕捉同步。本章的內容為後面進行虛擬偶像創作造成鋪陳的作用。

Chapter

04

虛擬偶像模型創建工具

虛擬偶像製作首先需要創建虛擬偶像的模型，目前虛擬偶像模型主要有 2D 和 3D 兩種形式。2D 模型的實現方式大多使用 Live2D，技術難度低，是目前常見的訂製模型，價格較低。3D 模型的實現方式多樣，除去虛擬主播營運社團為全身動捕製作的 3D 模型，各類虛擬形象 App 製作的也多數是 3D 模型。

本章主要介紹 2D 和 3D 建模工具 Live2D 和 Blender 及其在模型創建上的應用。

4.1 Live2D 建模

Live2D 是一款由日本 Cybernoids 公司開發的功能強大的繪製軟體，是一種在 2D 插圖中加入立體動畫的表現技術。Live2D 直接將原圖當作素材使用，既保持了原作的意境、質感，直接發揮該圖形的魅力，又能使繪製的影像立體、互動地進行表現，產生的複合效果進一步增強對作品的想像力。透過對連續影像和人物建模來生成一種類似三維模型的二維影像，可以在保持原畫魅力的同時實現立體表現。

Live2D 提供了豐富變形工具，透過變形路徑、彎曲變形器、旋轉變形器等能在原圖上根據各種情形進行變形，按照設想進行立體表現。

4.1.1 Live2D 安裝

Live2D 提供了 Cubism Editor 和 Cubism Viewer 兩種工具：Cubism Editor 提供了 Live2D 模型和動畫的製作；Cubism Viewer 既能夠將 Live2D 的模型與動作以接近實機的樣子展示，也能夠輸出開發所需要的物理演算與表情設定。Live2D 提供了 Windows 和 Mac 兩個版本的下載，其下載介面如圖 4-1 所示，下載網址為 https://www.live2d.com/zh-CHS/download/cubism/，輸入相關資訊即可下載。

▲ 圖 4-1 軟體下載介面

Live2D 的安裝過程比較簡單，Mac 端安裝過程如圖 4-2 所示。

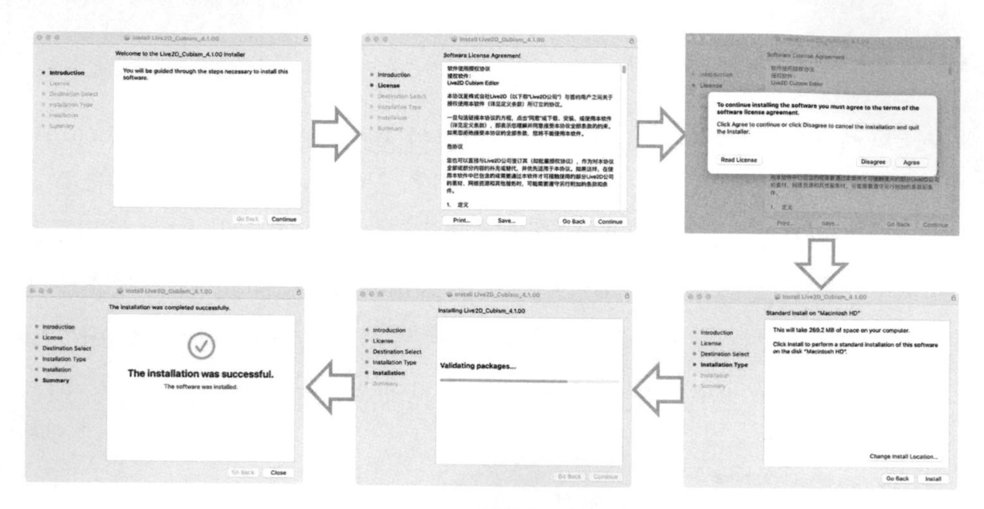

▲ 圖 4-2 Live2D 安裝流程

Live2D 安裝成功後有 Live2D Cubism Editor 和 Live2D Cubism Viewer 兩個軟體。目前 Live2D Cubism Editor 分為試用版和專業版兩種版本。專業版提供了比免費版更全的建模、動畫功能。Live2D Cubism Editor 版本選擇如圖 4-3 所示。

▲ 圖 4-3 Live2D Cubism Editor 版本選擇

Cubism Editor 提供了建模和動畫兩種模式，可以在編輯器左上角的 [Model][Animation] 進行模式切換。軟體打開後預設進入建模模式，在此模式下對插圖增加動作，建立模型，工作介面如圖 4-4 所示。

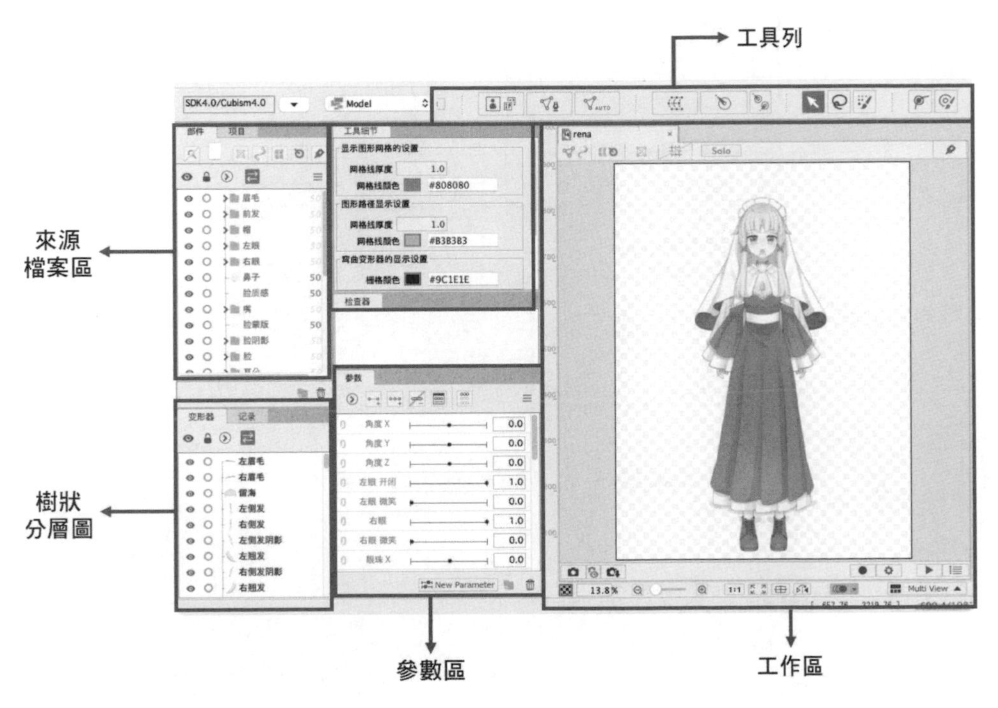

▲ 圖 4-4 建模模式工作介面

在動畫模式下為創建的模型增加動畫，工作介面如圖 4-5 所示。

▲ 圖 4-5 動畫模式工作介面

4.1.2 Live2D 人物建模

Live2D 模型製作主要有插圖的準備及處理、模型建立、動畫製作和匯出模型等步驟。

1. 插圖的準備及處理

在 Live2D 上運行的插圖靜態時看起來像是一個插圖，實際上卻被分為了頭髮、眉毛、睫毛和耳朵等幾個部分。Live2D 透過分割部分的平移、旋轉和變形等操作來實現角色的移動，生成一個具有自然動畫效果的人物模型。原始影像的分割根據人物模型的需求來定，一般越精細的模型分割的部分越多。插圖大致分為頭髮、臉部和身體等，詳細劃分如下：

（1）頭髮分為劉海、側身頭髮和後髮，如圖 4-6 所示。把它分成不同的層，更容易附加動作。

▲ 圖 4-6　頭髮的分割

（2）面部分為眼睛、鼻子、眉毛、嘴巴、輪廓和耳，如圖 4-7 所示。其中，眼睛細化可以分為睫毛、眼球和眼白；眉毛不是變形很大的部分，只需跟人物本身分開即可；嘴巴分為上下嘴唇以及嘴巴內部。

（3）身體分為頸部、軀幹、手臂和腿部等，如圖 4-8 所示。頸部增加稍微多一點，以避免在移動臉部時被打破。手臂的運動最好是將上臂、前臂和手分開。

▲ 圖 4-7　面部分割

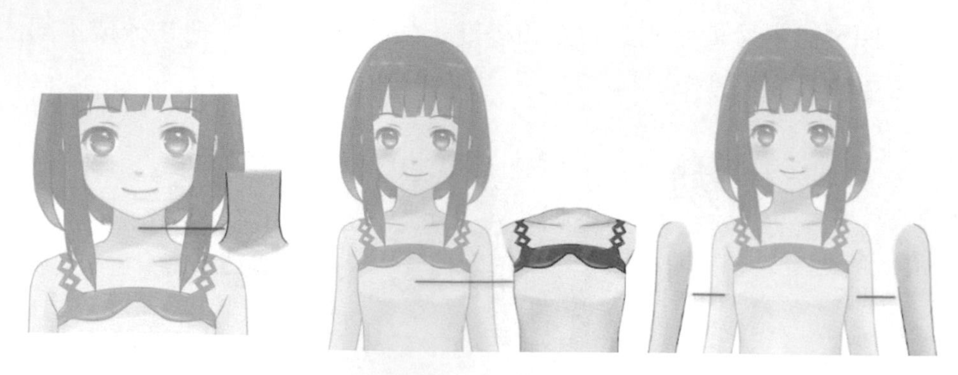

▲ 圖 4-8 身體分割

2. 模型建立

模型建立是對插圖檔案根據 Live2D 的規則進行處理，生成對應的動作的過程。主要可分為網格生成、面部表情增加、身體運動、面部方向運動等。

（1）網格生成

首先將 PSD 檔案匯入到 Live2D Cubism Editor 軟體中，載入後畫布上會顯示插圖資訊。點擊匯入的插圖時，顯示的白點與灰線稱為網格。網格的白點稱為頂點，透過移動此頂點，可以改變形狀。

Live2D 提供了自動和手動兩種方式來進行網格的編輯，如圖 4-9 所示。自動生成網格會根據設定調整網格的大小和寬度。網格手動編輯可以根據個人喜好，對畫布上的頂點進行增加和刪除，完成對紋理的調整。一個個地調整網格是一項艱鉅的工作，可以對眉毛、睫毛、嘴唇等大形變部件進行調整。

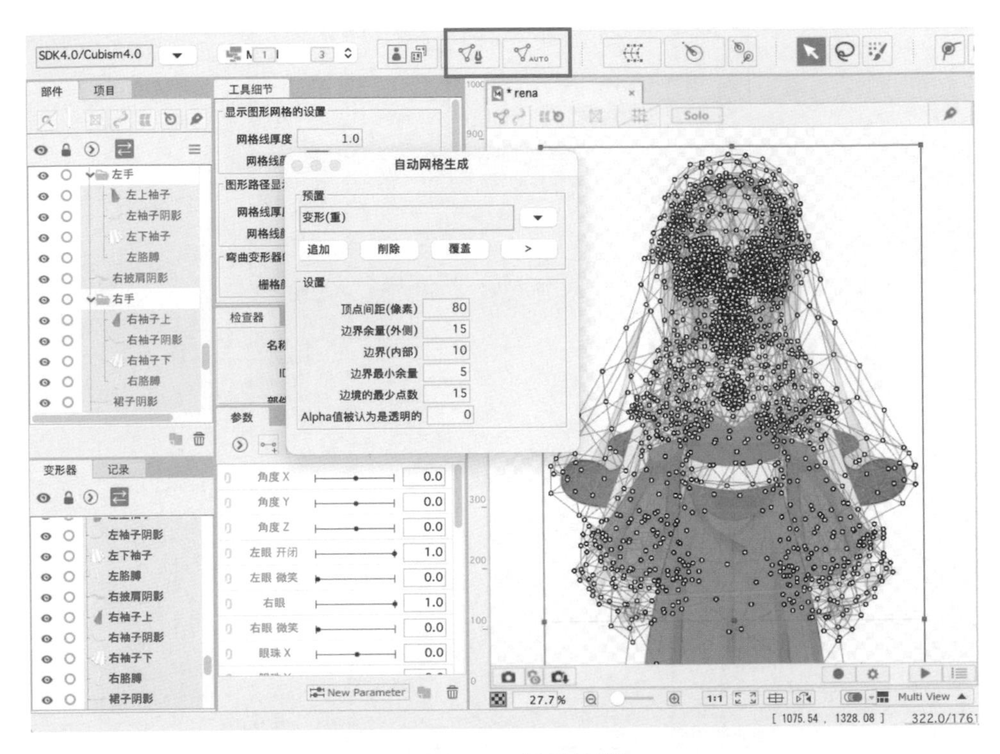

▲ 圖 4-9 網格編輯

（2）面部表情製作

面部表情的處理主要是對眼睛、睫毛、眼白、眉毛、嘴巴等的形變增加。在編輯對應面部表情時可以鎖定編輯以外的部分，以便於控制操作範圍，如圖 4-10 所示。

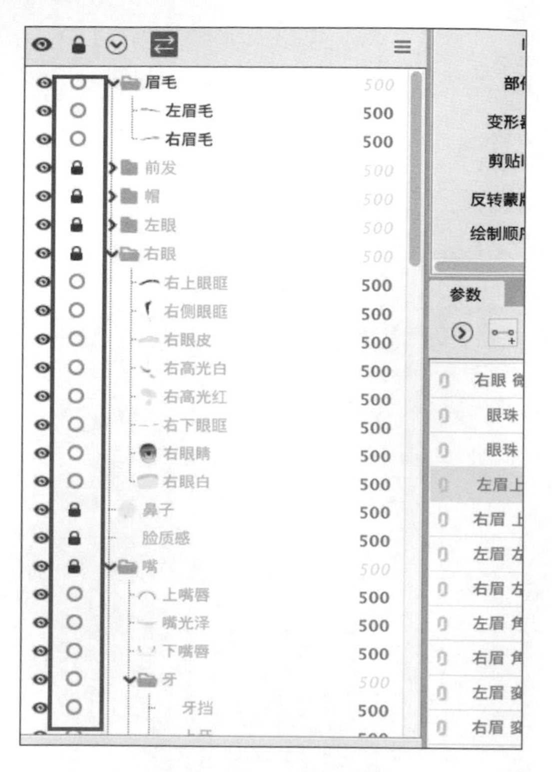

▲ 圖 4-10 鎖定部件

對眉毛進行變形時，可以鎖定除此部件之外的部件。然後增加選定狀態的動作 Parameter(s) 分別進行選擇。①選擇「眉毛 上下」Parameter(s)；②點擊色票面板頂部的「增加 2 個鍵」按鈕，灰色的 Parameter(s) 首尾會出現兩個綠點，這是附加了動作的點，紅色和白色點是插入的未選擇狀態參數。參數點增加如圖 4-11 所示。

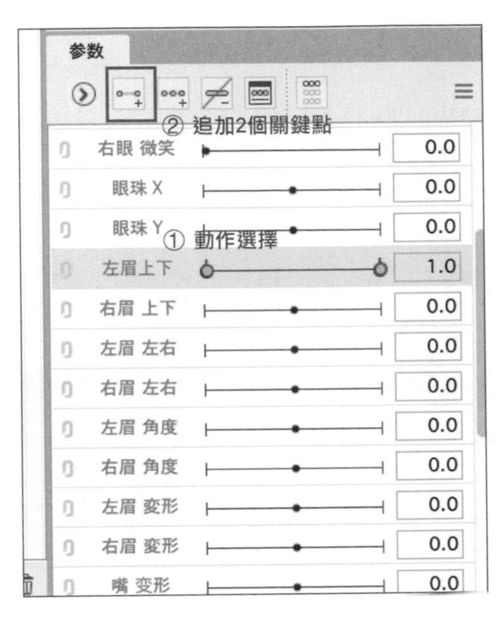

▲ 圖 4-11 Parameter(s) 參數點增加

Live2D 定義的部件的標準參數共有 24 個，如表 4-1 所示。透過對標準參數的處理能夠創建一個標準的 Live2D 模型。

表 4-1 標準參數列表

名字	ID	最小值	預設值	最大值	說明
角度 X	ParamAngleX	-30	0	30	+ 轉到螢幕右側
角度 Y	ParamAngleY	-30	0	30	+ 轉到螢幕頂部
角度 Z	ParamAngleZ	-30	0	30	+ 轉到螢幕右側
左眼開合	ParamEyeLOpen	0	1	1	+ 張開眼睛
左眼微笑	ParamEyeLSmile	0	0	1	+ 微笑眼
右眼開合	ParamEyeROpen	0	1	1	+ 張開眼睛

名字	ID	最小值	預設值	最大值	說明
右眼微笑	ParamEyeRSmile	0	0	1	+ 微笑眼
眼球 X	ParamEyeBallX	-1	0	1	+ 看右邊
眼球 Y	ParamEyeBallY	-1	0	1	+ 看右邊
左眉上下	ParamBrowLY	-1	0	1	+ 抬起眉毛
右眉上下	ParamBrowRY	-1	0	1	+ 抬起眉毛
左眉左右	ParamBrowLX	-1	0	1	- 將眉毛靠近
右眉左右	ParamBrowRX	-1	0	1	- 將眉毛靠近
左眉角	ParamBrowLAngle	-1	0	1	- 將眉毛轉成憤怒
右眉角	ParamBrowRAngle	-1	0	1	- 將眉毛轉成憤怒
左眉變形	ParamBrowLForm	-1	0	1	- 將眉毛轉成憤怒
右眉變形	ParamBrowRForm	-1	0	1	- 將眉毛轉成憤怒
嘴變形	ParamMouthForm	-1	0	1	+ 嘴轉笑 - 嘴轉哀
嘴開 / 關	ParamMouthOpenY	0	0	1	+ 張開嘴
害羞	ParamCheek	0	酌情	1	+ 臉頰染色
身體旋轉 X	ParamBodyAngleX	-10	0	10	+ 轉到螢幕右側
身體旋轉 Y	ParamBodyAngleY	-10	0	10	+ 移動至螢幕上
身體旋轉 Z	ParamBodyAngleZ	-10	0	10	+ 向螢幕右側傾斜
呼吸	ParamBreath	0	0	1	+ 吸氣

Parameter(s) 參數值設定了眉毛上下移動的範圍，0 的狀態是眉毛的預設位置，左側和右側分別是眉毛上下的最大位置。如圖 4-12 所示是對眉毛位置進行變動處理。在對網孔操作的時候，很難一個一個地移動頂

點，透過「變形路徑工具」會繪製出可變性路徑，點擊命中綠點後移動此點，附近的點也會隨之變形。

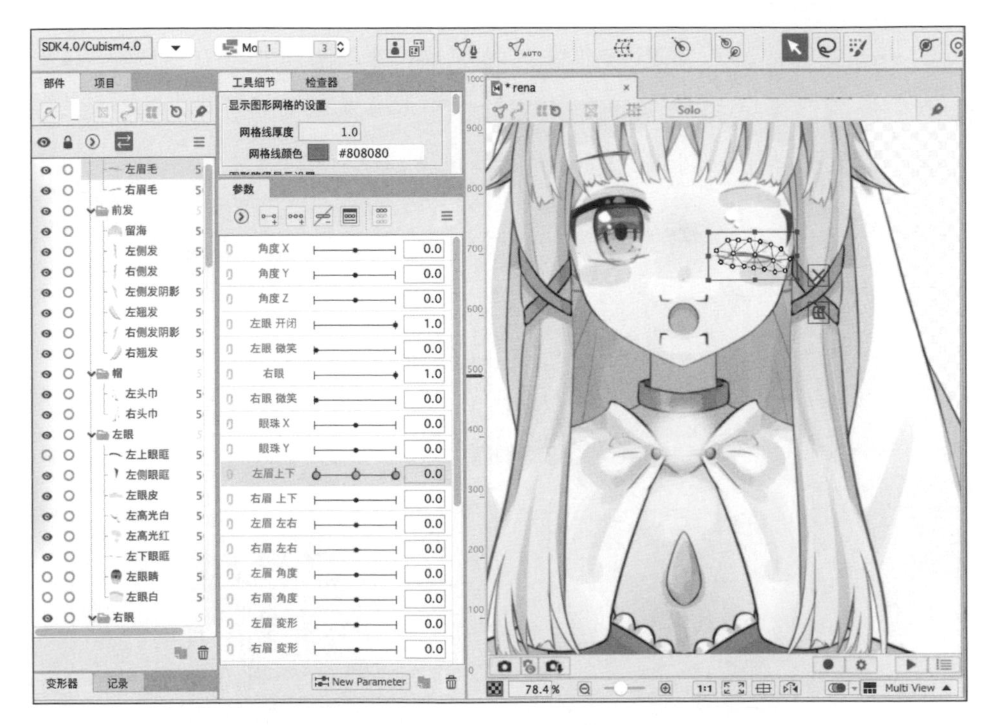

▲ 圖 4-12 眉毛變動

(3) 身體動作製作

身體的動作包括傾斜運動、頭髮搖擺、手臂運動及身體傾斜和垂直運動等。變形器是指可以變換和移動頂點的網格容器。變形器分為翹曲變形器和選擇變形器：

- 翹曲變形器可以透過裡面的網格來改變。
- 旋轉變形器專門做旋轉運動，可以透過指定數值來進行旋轉，主要用於頭部、手臂、腿部等進行傾斜運動。

創建面部傾斜運動時，Parameter(s) 是用 "Angle Z" 來操作的。首先鎖定除頭部外的其他部件，選中頭部的網格，在選定狀態下，創建旋轉變形器，如圖 4-13 所示。設定部分插入位置和插入名稱，因為是進行面部旋轉，所以追加到「手動設定父物體」，確認各種設定後，創建旋轉變形器。旋轉時所選面部會跟隨旋轉，如果缺少不見，可以檢查後選擇網格插入到變形器中，可以透過 Ctrl 鍵來移動調整位置。

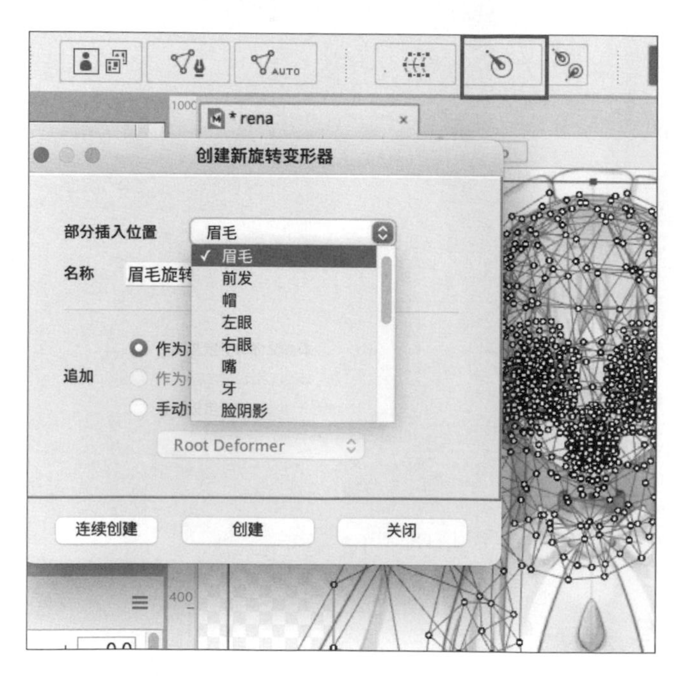

▲ 圖 4-13 創建旋轉變形器

當旋轉變形器可以調整時，增加 Parameter(s) 的 Angle Z 參數點，在其中增加三個點在左右分別增加 10 度的旋轉偏移，效果如圖 4-14 所示。變形器如果使用得當，可以增加各種動作。

▲ 圖 4-14 面部旋轉器

（4）面部方向運動

面部方向運動主要是「角度 X」、「角度 Y」的運動，可以使面部朝上和左右。眉毛向 X、Y 方向運動時，角度 X 的形狀為（0，-10，10），眉毛的形狀為（-1，0，1），需要製作多個形狀（3×3＝9），這對於變形的製作和管理是比較困難的。使用變形器能夠跟隨 Parameter(s) 的參數進行變動，可以對多個部件進行集體變形，也可以在變形器上附加 X、Y 的變形。

創建變形器時需選中包含的網格。對於 X、Y 方向的處理，需要使用彎曲變形器，設定貝塞爾分區數為 2×2，如圖 4-15 所示。

▲ 圖 4-15 彎曲變形器的創建

選擇一隻眼睛增加變形器，創建時先鎖定其他部件，為調整眼睛的 X、Y 方向變形，創建貝塞爾分割數為 3×3 的彎曲變形器，如圖 4-16 所示。按照此步驟對臉部其他部件增加變形器。

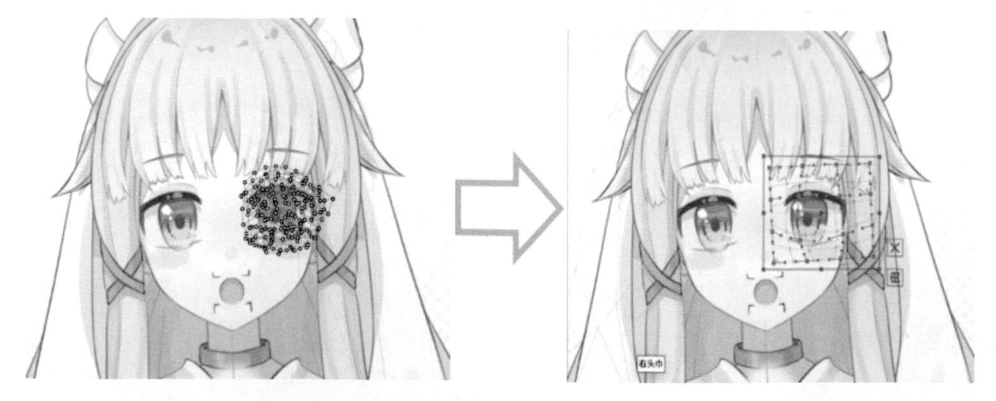

▲ 圖 4-16 右眼彎曲變形器創建

在創建 X 方向運動時選擇「角度 X」Parameter(s) 增加三個鍵，頭部元素較多，隱藏其他部件僅顯示輪廓，創建變形器。選擇變形器，向側面移動後製作形狀。變形器會自動改變形狀創建適應的形狀，然後可以根據選擇的形狀進行微調。「角度 X」向右調整如圖 4-17 所示。

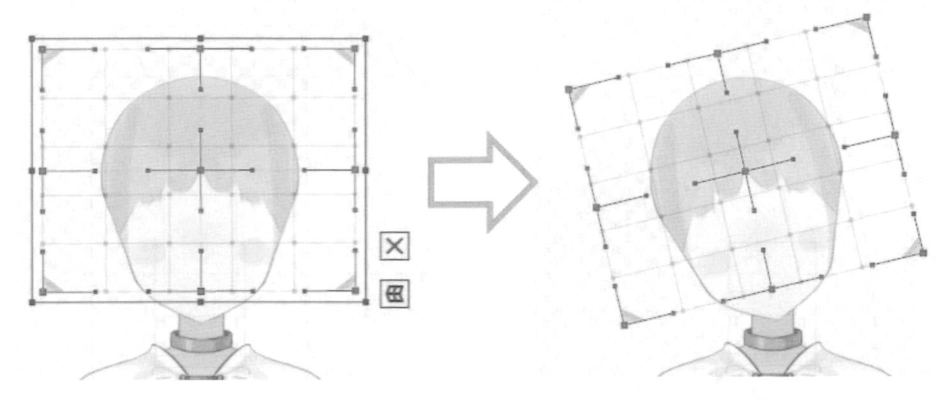

▲ 圖 4-17「角度 X」右側

Y 方向的運動與 X 方向進行同樣的操作，「角度 X」、「角度 Y」都增加了變形器，但是處於對角線方向上沒有增加變形，因此需要在斜方向上增加一個形狀，可以透過選擇 Parameter(s) 然後自動生成四角形狀。

對插圖增加這些操作後，模型基本創建完成，然後可以進行動畫的製作。

3. 動畫製作

模型創建完成後，切換到動畫模式，增加動畫到模型中。切換到動畫模式後，載入想要移動的模型檔案，把模型資料拖放到螢幕底部的時間線色票面板中，如圖 4-18 所示。

▲ 圖 4-18 載入模型

模型載入後，將增加一個新場景，並在畫布上顯示模型。如果要調整模型可以在時間軸上打開「設定 & 不透明度」標籤，然後從放大率上調整模型大小，或直接從畫布上更改。模型大小調整如圖 4-19 所示。

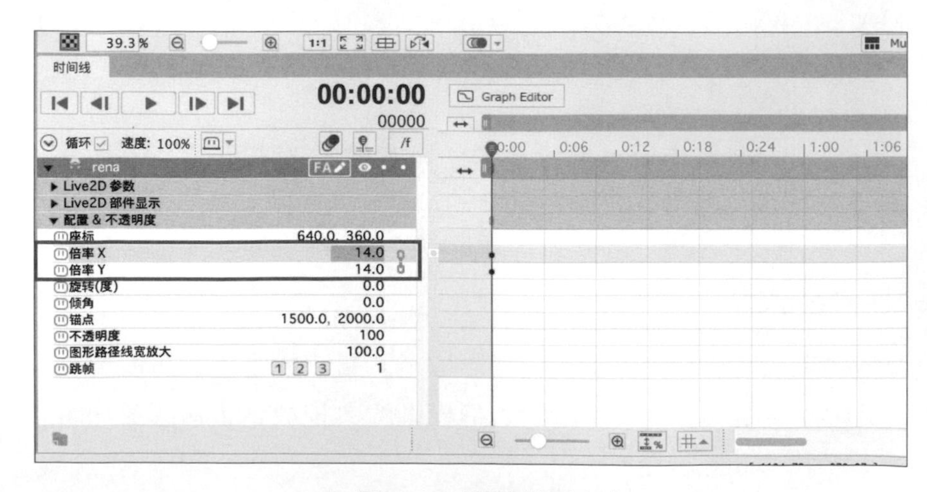

▲ 圖 4-19 調整模型大小

新創建的場景的版面尺寸為 1280×720，調整版面尺寸可以從場景的檢查器中調整，如圖 4-20 所示。

▲ 圖 4-20 場景檢查器

設定完模型和畫布資訊後，打開時間線上的「Live2D 參數」標籤。向時間軸上增加關鍵幀，關鍵幀是時間軸上的點，附加了 Parameter(s) 的顯示。透過增加多個關鍵幀，在時間軸上實現了 Parameter(s) 的運動動畫。關鍵幀的增加如圖 4-21 所示。

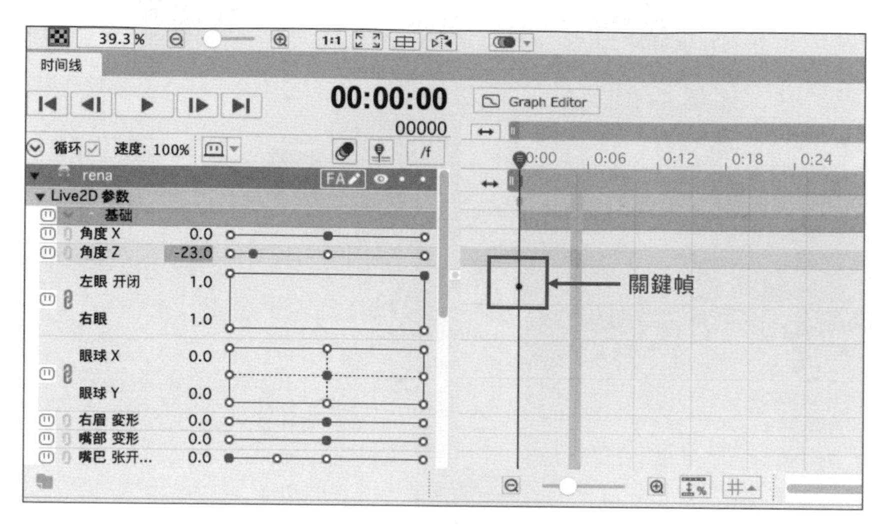

▲ 圖 4-21 增加關鍵幀

時間軸上的橙色條顯示了場景的長度，可以在場景檢查器或拖曳 "Duration" 來改變。時間軸上紫色條是軌道，表示模型的顯示範圍。如果整個場景顯示相同的模型，使軌道時間與場景時間一致。軌道資訊如圖 4-22 所示。

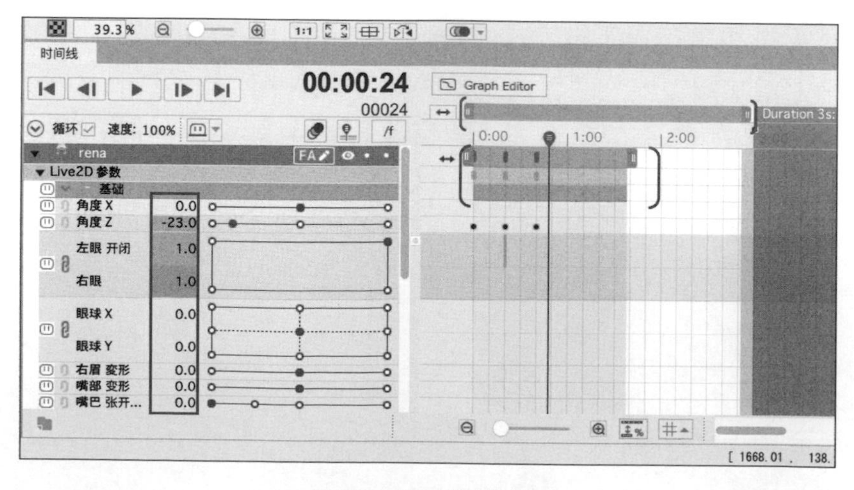

▲ 圖 4-22 軌道資訊

可以在場景中增加多個模型，對軌道設定不同顯示區域，透過設定關鍵幀來實現模型動畫。

4. 匯出模型

創建完模型和動畫後匯出相關檔案。一個 Live2D 完整的文件包含以下檔案：

- 模型資料（cmo3）
- 聲音動態（can3）
- 表情（can3）
- 背景影像（png）
- 嵌入用檔案一套（runtime 資料夾）
    - 模型資料（moc3）
    - 表情資料（exp3.json）
    - 動態資料（motion3.json）
    - 模型設定檔案（model3.json）
    - 物理模擬設定檔案（physics3.json）
    - 姿勢設定檔案（pose3.json）
    - 顯示說明文件（cdi3.json）

匯出檔案是由 Live2D 模型決定的，模型的相關設定越精細可做的控制越多。匯出檔案包含的內容如下：

- cmo3 檔案是 Live2D 軟體模型工作區處理的模型資料。
- can3 檔案是 Live2D 模型創建動畫的編輯器專案檔案。
- png 檔案是輸出的影像紋理資料集。

- model3.json 是撰寫模型設定的檔案，包含了在程式中使用的 Live2D 模型資料（moc3）、紋理資料（.png）、物理操作設定資料（.physics3.json）及為閃爍和唇形同步設定的參數列表。
- motion3.json 是程式中使用的 Live2D 模型的運動資料，是動畫工作區的最終匯出檔案。
- moc3 檔案是模型工作空間最終匯出的格式檔案，是程式中使用的 Live2D 模型資料。
- exp3.json 檔案是從 motion3.json 檔案轉為在動畫工作區中創建的面部運算式的資料。
- pose3.json 檔案是反應模型和運動產生的手臂切換機制的資料檔案。
- physics3.json 檔案是匯出的一組物理計算數值，在程式中使用。

4.1.3 使用範本功能

已完成的 Live2D 模型的結構和運動是一種模型被創建的函數映射。Live2D 提供了範本功能，透過對從相同範本資料繪製的插圖應用範本功能來輕鬆創建模型。

Live2D 提供了 SD 角色的範本資料，創建 SD 角色時選擇需要繪製的角色性別，然後根據每個零件分別繪製插圖，得到所創建模型的插圖。Live2D 提供的 SD 角色範本如圖 4-23 所示。

在 Live2D 編輯器中載入插圖的 PSD 檔案，點擊「檔案→應用範本」，會彈出一個範本清單的對話方塊，如圖 4-24 所示。範本清單中有不同類型的素材，根據創建模型的類型選擇相似的範本素材。如果使用自己的模型資料作為範本素材，可以從「從檔案中選擇」指定檔案並載入。

若使用 SD 範本製作的插圖，在選擇範本時選擇底部有 SD 字樣的，因此女孩請選擇 Koharu，男孩請選擇 Haruto。

▲ 圖 4-23 SD 範本資料

▲ 圖 4-24 範本清單

使用插圖後選擇女性 Epsilon 模型，載入範本模型後打開一個新視窗，範本上的模型和畫布上的模型將重合顯示。素材繪製時有差別可以調整範本模型的參數，透過移動「@ 臉的尺寸調整」等參數調整臉部、眼睛、口、鼻等位置，如圖 4-25 所示。

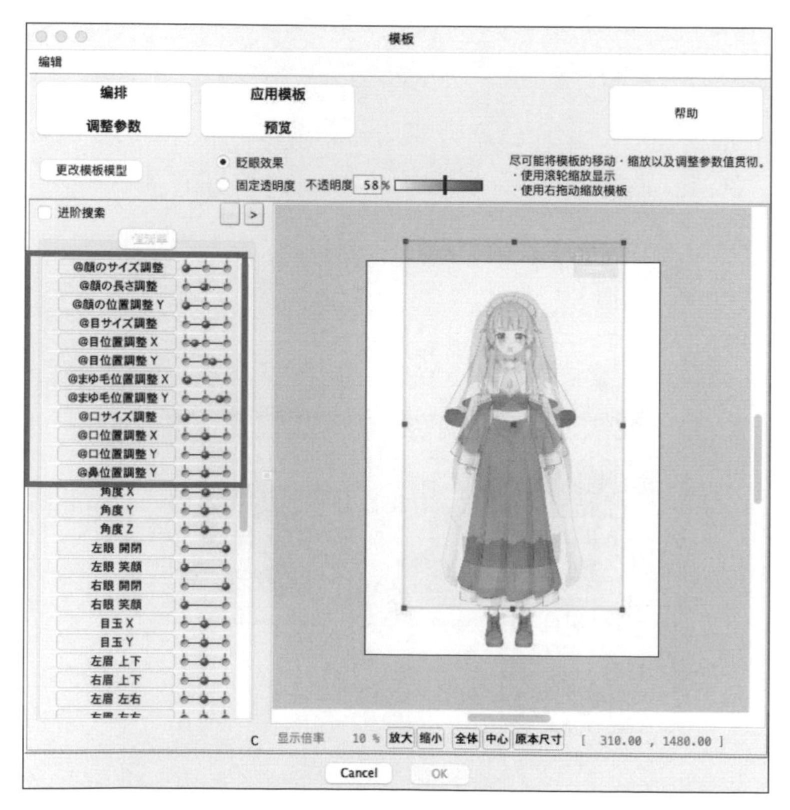

▲ 圖 4-25 範本操作視窗

完成位置調整後，點擊「應用範本」會顯示範本預覽視窗。原始範本顯示在左側，已載入插圖的範本顯示在右側。一個部件選中時會顯示對應的部件，如圖 4-26 所示，選中右邊的頭髮部件時，會顯示模型上對應的部件。範本函數進行映射時部件是自動分配的，因此部件的對應關係並不是完全對應，這個時候可以透過部件的重新連結來解決。

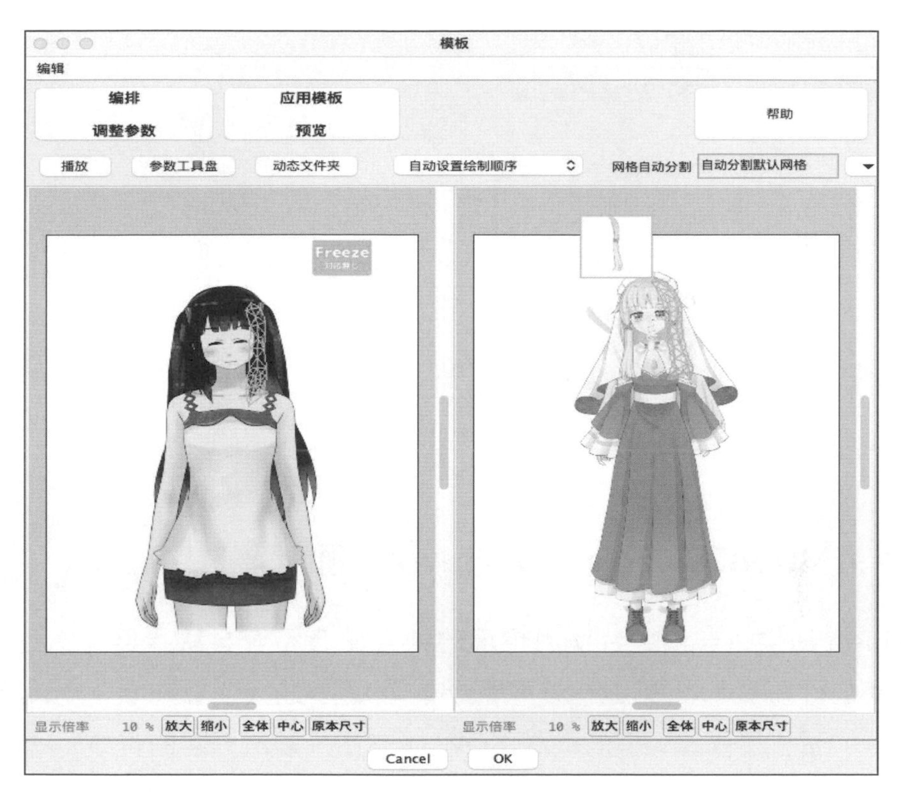

▲ 圖 4-26 選中部件

部件匹配確認無誤後，點擊「範本」對話方塊底部的「確定」按鈕就完成了透過模型創建，如圖 4-27 所示。可以透過更改 Parameter(s) 的值來移動模型，也可以使用右下角的播放按鈕來讓模型隨機運動起來。

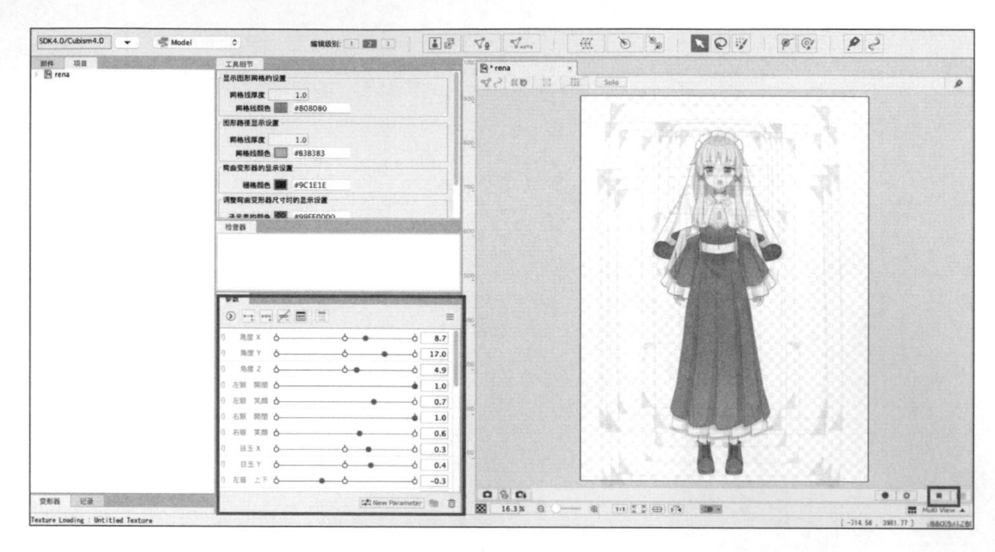

▲ 圖 4-27 模型顯示

4.1.4 Live2D Cubism Viewer 簡介

Cubism 提供了一個適合使用環境的嵌入式模型資料檢視器，透過對環境進行模擬，可以在解決實際作業環境中進行運動再現。Cubism Viewer 提供了兩種環境的軟體：OW 版本用於驗證創建的資料，Unity 版本用於 Unity 中的觀察。可以根據實現環境選擇不同的 Viewer。本節主要介紹 OW 版本的檢視器，僅用於驗證 Cubism 創建的模型資料，其畫面顯示如圖 4-28 所示。

Cubism Viewer 讀取建模匯出的模型檔案以及動畫匯出的運動檔案後，對姿勢、面部表情等進行設定。在 Cubism Viewer 啟動時，滑動 moc3 或 model3.json 檔案載入模型，如圖 4-29 所示。

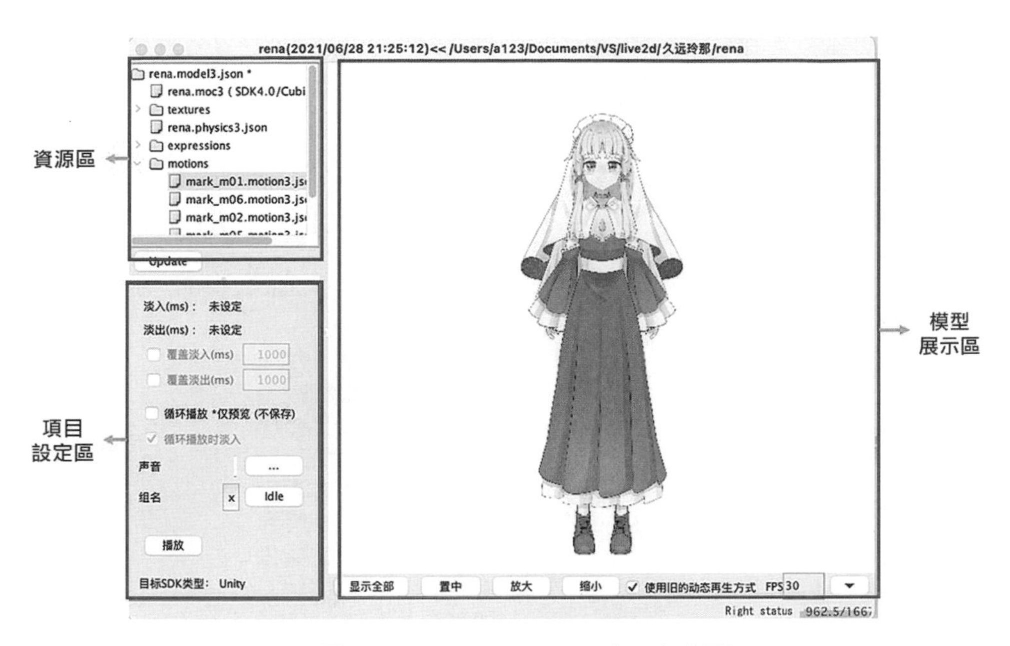

▲ 圖 4-28 Cubism Viewer(OW) 介面

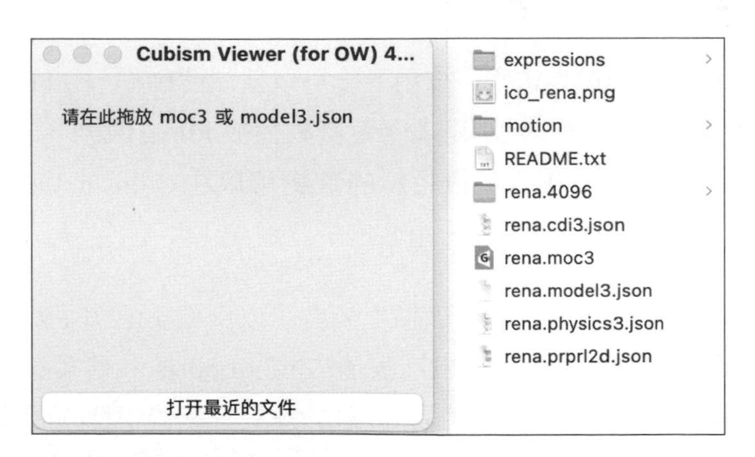

▲ 圖 4-29 載入模型

載入模型後，使用滑鼠滑動模型時，面部和身體也將跟隨游標運動。還可以透過滑動來載入匯出的動作檔案，如圖 4-30 所示。

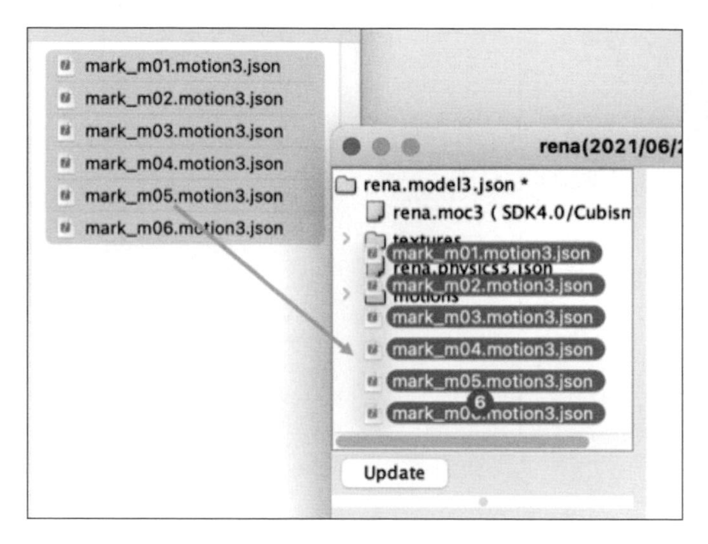

▲ 圖 4-30 載入動作檔案

載入動作後，選中動作檔案，按兩下後可以播放此動作。在載入的動作中選擇製作 Idle 動作，製作完成後會自動播放 Idle 的動作，如圖 4-31 所示。動作載入後，動作播放相關的資訊可以在 Cubism Viewer 中設定，如淡入 / 淡出時間、聲音、組名等。

Cubism View 支援增加姿勢和表情，姿勢用以反應模型與運動的切換機制，表情用以面部表情值的變動。表情的 motion3.json 檔案描述了預設值與面部表情值兩個值，這兩個參數值的差異會影響模型的面部表情，以「憤怒」表情為例，預設的是預設表情值，「憤怒」的是面部表情值，區別如表 4-2 所示。

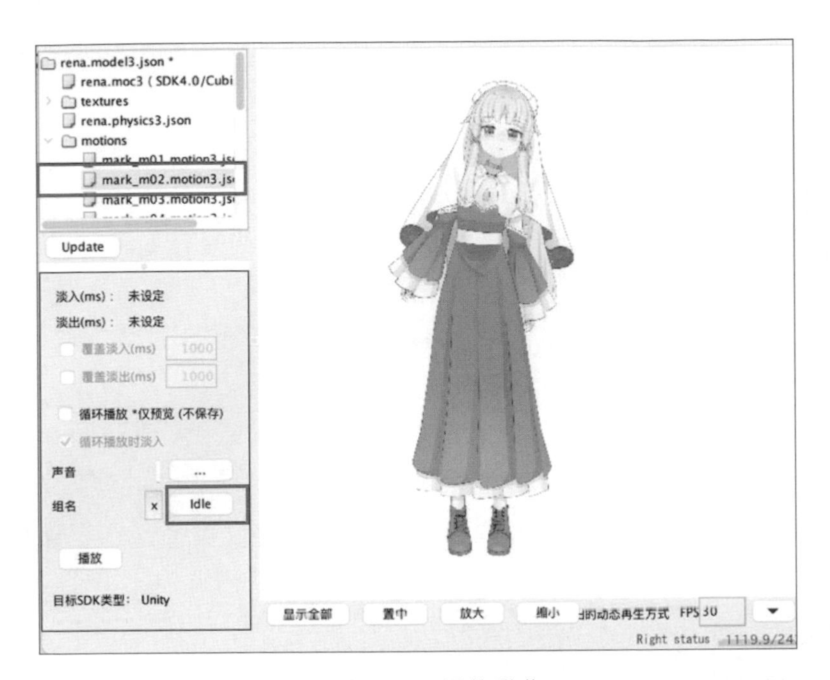

▲ 圖 4-31 播放動作

表 4-2 憤怒表情值

	預設	憤怒	區別
左眼開合	1	0.8	-0.2
左眼微笑	0	0	0
右眼開合	1	0.8	-0.2
右眼微笑	0	0	0
眼球 X	0	0	0
眼球 Y	0	0	0
左眉上下	0	-0.4	-0.4
右眉上下	0	-1	-1
左眉左右	0	0	0
右眉左右	0	0	0

	預設	憤怒	區別
左眉角	0	-1	-1
右眉角	0	-1	-1
左眉變形	0	-1	-1
右眉變形	0	-1	-1
嘴變形	1	-2	-3
嘴開 / 關	0	0	0

該差異值被增加到單獨創建的運動的參數值中，預設值與面部表情之間差異為 0，則沒有變化。在選擇表情後可以切換表情的淡入 / 淡出值以及表情 motion.json 檔案中的參數值，可以在此對值進行更新，如圖 4-32 所示。

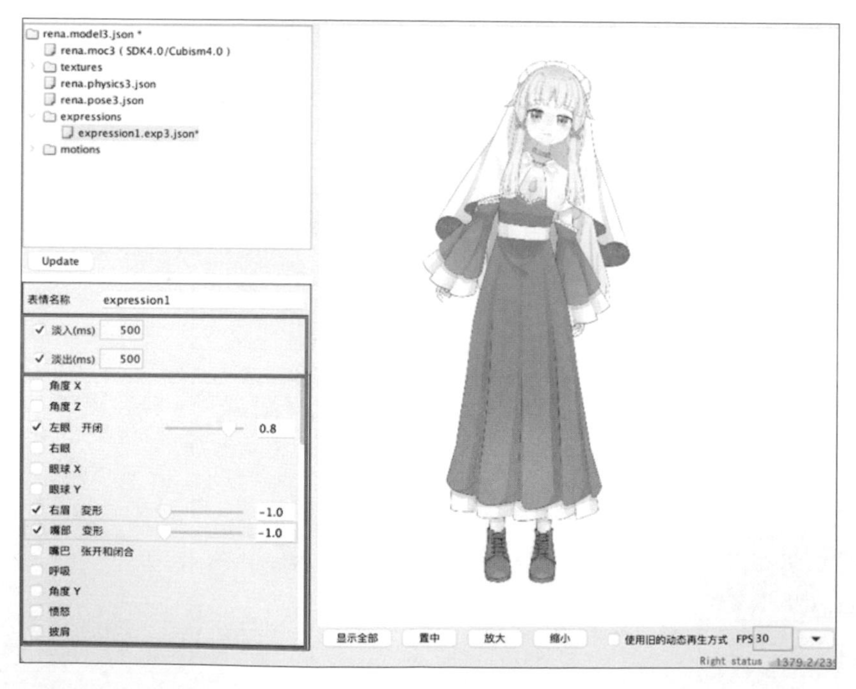

▲ 圖 4-32 設定表情

Cubism Viewer 除驗證模型顯示外，還可以對模型追加姿勢和表情，當追加完模型的相關設定後，匯出模型設定檔，會替換 Cubism Editor 匯出的模型設定檔。

4.2 三維建模

三維模型是物體的多邊形表示。透過三維製作軟體在虛擬三維空間建構出三維物件的數學表達形式的過程稱為三維建模。

4.2.1 三維模型製作流程

三維模型的製作過程可分為概念設計、模型製作、貼紙繪製、骨骼蒙皮、動畫製作和繪製 6 個步驟。

（1）概念設計：概念設計是畫師對模型的視覺化表現，根據提供的策劃檔案及需求設計出模型的美術方案，為後期的美術製作提供標準和依據。

（2）模型製作：模型製作是整個環境中最重要的步驟，也是最耗時的工作。在電腦中三點組成的面稱為一個基本面，模型的精細程度是按照面數進行計算的，面越少模型越粗糙。模型師根據原畫設定將二維的設計在三維軟體中製作出來，製作流程一般是低模製作→高模製作→高模拓撲→ UV 拆分。

（3）貼紙繪製：模型製作完成後，需要對模型進行貼圖繪製。貼圖相當於根據原畫設定給模型增加外觀顯示。

（4）骨骼蒙皮：模型製作完成後，需要根據原畫的角色關節、肌肉等資訊進行骨骼架設和綁定，以便於模型動畫的製作。在骨骼架設完成後對模型進行蒙皮。蒙皮是將創建好的骨骼和模型綁定起來，保證模型能夠順利且正確地活動。蒙皮後模型的每個頂點都會保存在綁定姿勢下相對於部分骨骼的相對位置。

（5）動畫製作：在蒙皮完成後，根據需求進行動畫製作，比如眨眼、說話等，以便於達到真實的效果。在此過程中會根據動畫效果對骨骼和皮膚進行反覆修改。

（6）繪製：三維模型的最終階段稱為繪製，是將創建的三維場景和角色根據材質、光源、煙霧等效果轉化為二維影像的過程。

4.2.2 三維製作軟體

三維建模軟體種類豐富，目前常見的三維動畫製作軟體有 Blender、Maya、3D Max 等。

- Blender：Blender 是一款免費開放原始碼的多平台羽量級三維圖形影像軟體，提供了從建模、材質、粒子、動畫、繪製及音訊處理、影片短片、後期合成等一系列動畫短片製作解決方案。
- Maya：Maya 是美國 Autodesk 公司旗下出品的頂級三維建模和動畫軟體，提供了一個功能強大的整合工具集，廣泛應用於影視、遊戲等領域。Maya 不僅包括一般三維視覺效果製作的功能，還整合了最先進的建模、數位化布料模擬、毛髮繪製、運動匹配等技術，是目前市場上進行數位和三維製作的首選解決方案。

- 3D Max：3D Studio Max 簡稱為 3D Max 或 3D Studio Max，是 Discreet 公司開發的基於 PC 系統的三維動畫繪製和製作軟體，其前身是基於 DOS 作業系統的 3D Studio 系列軟體。3D Max 提供了建模、骨骼肌肉、材質、毛髮、貼圖、動畫製作、繪製等功能，廣泛應用於廣告、影視、工業設計、三維動畫、遊戲以及工程視覺化等領域。

3D Max 和 Maya 功能強大、應用廣泛，是主流的三維建模軟體。其中，3D Max 易學好用，是中階普及型三維軟體，Maya 傾向於中高模型製作。3D Max 和 Maya 價格昂貴，而 Blender 免費提供了三維圖形的製作功能，因此本文 3D 模型製作以 Blender 為例。

4.2.3 Blender 角色建模流程

Blender 為提供了一系列動畫短片製作解決方案的軟體，擁有在不同工作模式下方便操作的使用者介面。在 Blender 中，一個基本操作單位稱為一個物件（Object），每一個物件都有一個圓心（Origin），用於標識物體本地座標系的遠點和控制桿的預設位置。當打開 Blender 時，系統預設的介面版面配置是適用於建模的，如圖 4-33 所示。Blender 提供了靈活的介面版面配置方式，可以根據使用者習慣靈活地設定介面版面配置以及屬性設定。

本節以 Blender 官方模型 Vincent 為例介紹在 Blender 中如何創建一個模型（見圖 4-34），以此作為概念構思來實現一個角色模型。

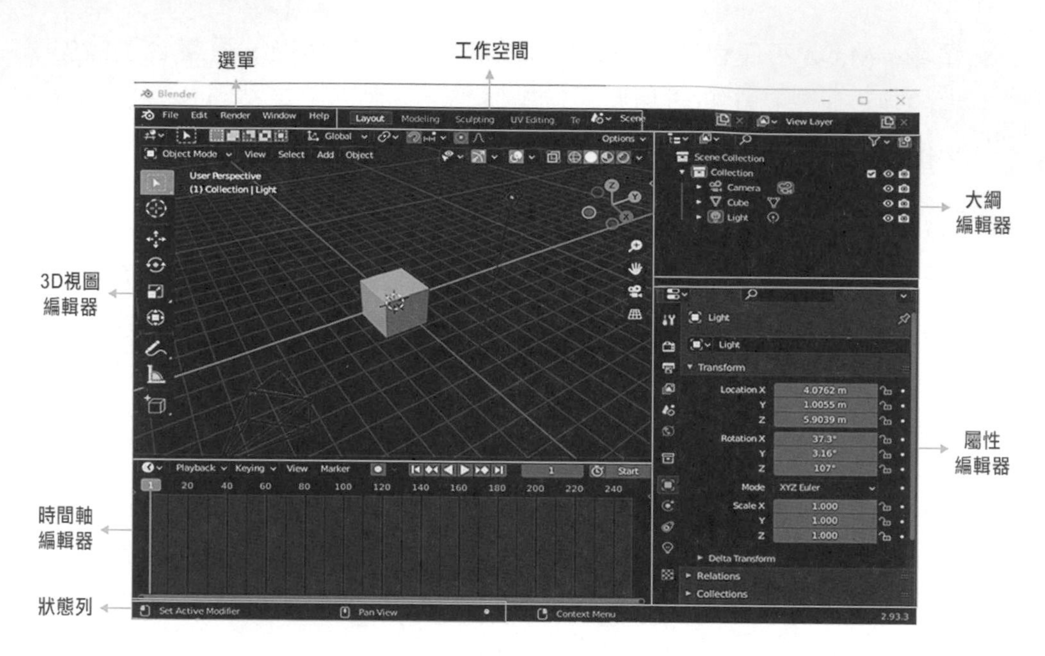

▲ 圖 4-33 Blender 基本操作介面

▲ 圖 4-34 Vincent 原圖

（1）增加參考圖：在模型創建時經常需要參考原圖建模，因此 Blender 提供了增加前視圖作為參考圖的功能。在增加參考圖時可以使用 Shift+A 快速鍵或增加按鈕來選擇增加參考圖（選單見圖 4-35），然後選擇相關資料夾中的圖片，這樣參考圖片就載入進來了。增加一個物件時預設在座標原點的位置，如果需要移動視圖到合適的位置，就可以使用 Shift+Y 快速鍵來操作。

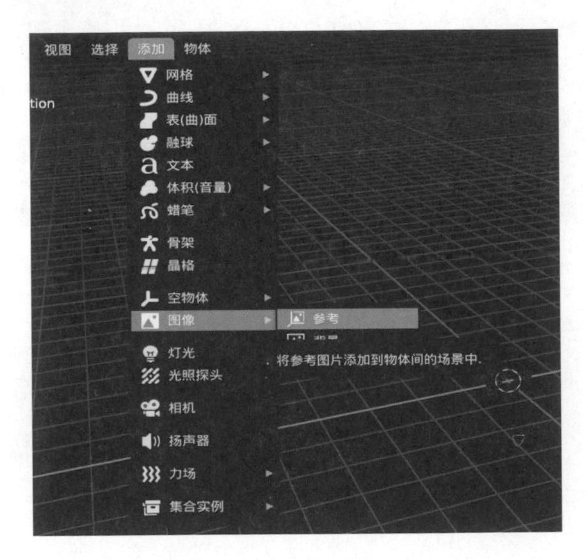

▲ 圖 4-35　參考圖增加選單

增加參考圖後可以對它的屬性進行設定，如圖 4-36 所示。其中深度、邊、不透明度等設定是針對模型顯示的相關設定。

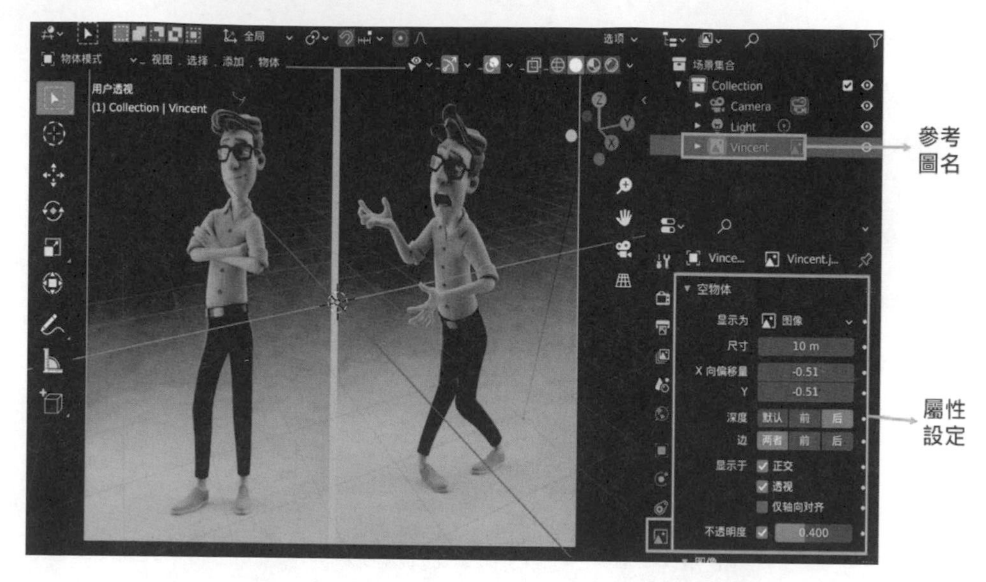

▲ 圖 4-36 參考圖屬性設定

（2）模型製作：模型製作是一個複雜的過程，透過 Blender 提供的邊面工具（如擠出、內插、倒角、切割等）進行製作。3D 模型的建立過程比較複雜，首先透過建立低模將設計的角色體型和輪廓描述出來，然後在此基礎上細化模型建立高模。Vincent 的低模如圖 4-37 所示。3D 低模主要以貼圖來提高模型的細膩程度，貼圖畫得越精緻效果越佳。貼圖的製作在拆開模型後在展開 UV 頂點的基礎上進行對位，會出現少量的伸展變形，具有較強的專業性。

當需要形象逼真、細節豐富的 3D 模型時，需要對低模進行細化，建立高模。高模的細節及精度視情況而定，模型的面數越多所展示的細節特徵越多。對 Vincent 進行細化後的高模如圖 4-38 所示。

▲ 圖 4-37 Vincent 低模

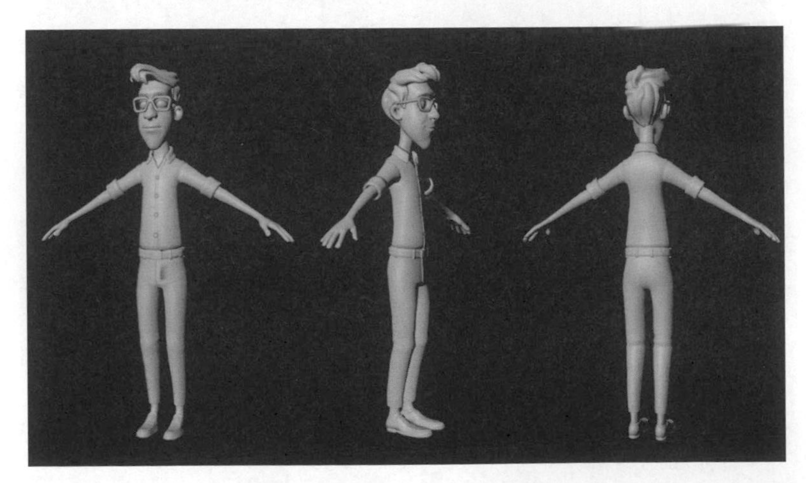

▲ 圖 4-38 Vincent 高模

（3）增加材質：在模型輪廓及細節創建完成後，可以使用材質編輯器設計材質，並指定場景中的模型，使之具有真實的質感。對 Vincent 的低模和高模增加材質後的效果如圖 4-39 和圖 4-40 所示，從效果上可以看到人物呈現出比較逼真的效果。模型創建完成後，即可使用材質編輯器設計材質，並將設計好的材質指定場景中的模型，使創建好的模型具有真實的質感。

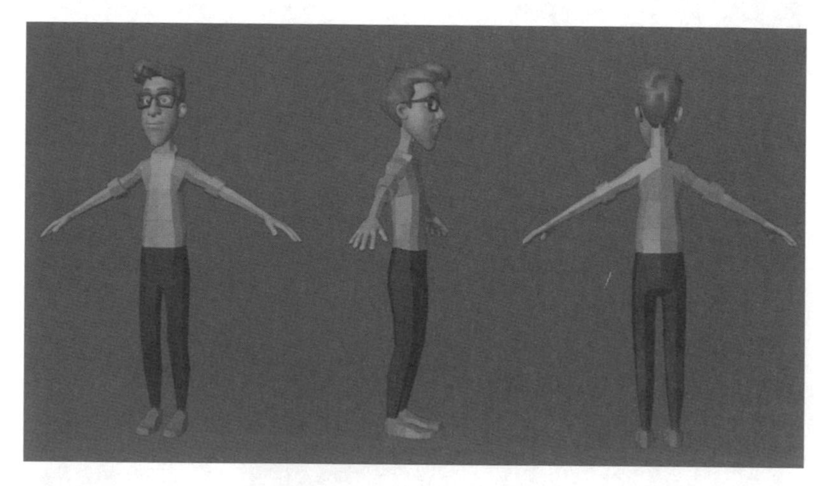

▲ 圖 4-39 Vincent 低模材質

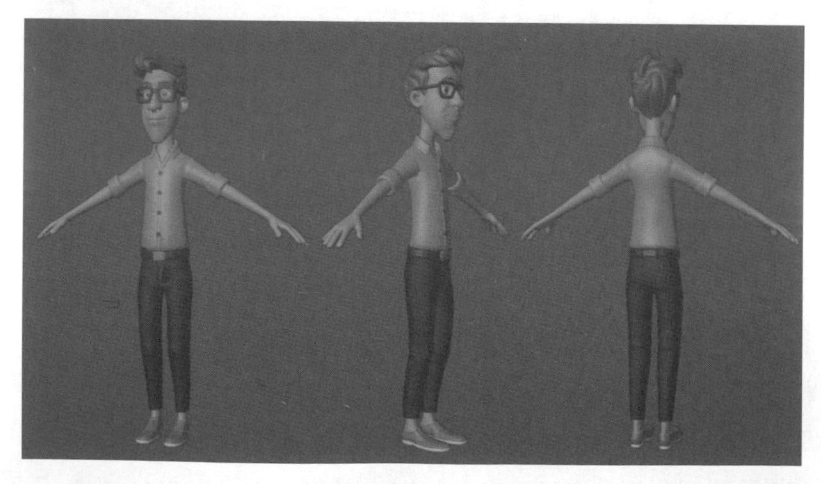

▲ 圖 4-40 Vincent 高模材質

（4）UV 展開：在模型製作完成後，需要將 3D 模型展開到 2D 平面上進行貼圖，這個過程叫作 UV 映射與展開。UV 展開是為了更進一步地將貼圖貼合到 3D 模型中，在貼圖內容位置與模型位置準確對應時，需要以 2D 平面為參考，所以將 3D 模型的 UV 拆分為平面的，方便繪製貼圖。對於 UV 展開，可以使用 Blender 等一些通用軟體，也可以使用一些專門的軟體。對 Vincent 的 UV 展開如圖 4-41 所示。

▲ 圖 4-41 Vincent UV 展開

透過如上步驟完成了模型的創建，匯出模型後即可使用。

4.3 小結

本章對 2D 模型及 3D 模型的軟體及創建方式進行了介紹。模型創建是虛擬偶像的基礎，可以根據實際情況選擇對應的方式。

Chapter

05

如何創造虛擬偶像

前幾章我們介紹了業界常用的虛擬偶像實現方式和主流的機器學習框 TensorFlow、PyTorch 等，從本章起我們將介紹如何使用建模工具和 AI 技術讓虛擬偶像動起來。

5.1 虛擬偶像運動和互動的實現方式

虛擬偶像的運動和互動是區別其他平面藝術呈現效果的關鍵，目前業界的實現方式大體上分為三大類：基於光學的動作捕捉裝置，價格較為昂貴，也較為精準，廣泛使用於影視行業內，比如「魔戒」和「阿凡達」等；基於慣性的動作捕捉裝置，成本較光學動作捕捉低，但在多個移動目標和磁場影響較大，獨立工作室可以考慮採用；基於人工智慧的動作捕捉技術框架，比較流行的方式是基於人工智慧視覺演算法的驅動人物動作和面部表情。

5.2 基於付費的商業化解決方案

Miko 是近年來在虛擬串流媒體平台上熱門的直播虛擬偶像。直播者透過 Unreal 引擎和 Xsense 動作捕捉套件實現了真人動作和面部表情的即時遷移，透過真人在直播間的操作實現和直播間觀眾的互動體驗。一般而言，如果進行直播偶像的創建，就需要一套動作捕捉硬體。目前行業內用得比較多的有基於光學的方案，比如 OptiTrack、Vicon 等，基於慣性動捕的方案，比如 Xsense、諾亦騰等，一般需要配合動捕手套（比如 Manus 等公司的產品）進行手部動作的精確捕捉。在面部表情捕捉方面，通常會引入帶深度相機的 iPhone X 以及相對應的手機 App 端軟體（比如 Arkit 或 Live Link Face 等）進行獲取，捕捉到的面部動畫資料會同步到動畫引擎中驅動相關模型運動。通常為了方便，推薦使用頭戴式裝備，方便和身體動作捕捉裝置進行同步和自然調整。

除此之外，動畫引擎是必不可少的，常見的有 Unreal Engine 或 Unity 3D 等（見圖 5-1），透過 live stream 的方式將面部和身體的移動動作傳遞給引擎，透過骨骼綁定和模型動畫定向的方式驅動人物模型做出對應的動作和表情。

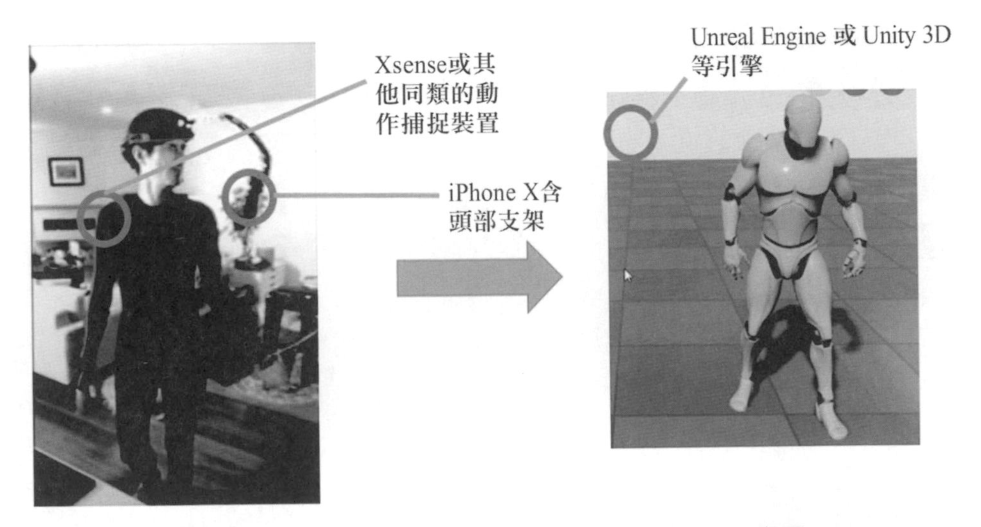

▲ 圖 5-1 基於動作捕捉裝置的虛擬人物驅動示意圖

5.2.1 建立人物 3D 模型

目前市面上 3D 建模的工具很多，比如 Maya、Zbrush、Blender 等，使用門檻難易程度不一，讀者可以選擇自己熟悉喜歡的工具進行人物建模。考慮到不是每個人都熟悉從零開始的人物建模操作，所以這裡引入 Daz Studio 創建一個人物模型。Daz Studio 是 Daz 公司提供的 3D 建模軟體，透過 Daz Shop 裡豐富的人物和物料資源可以快速創建人物，並且可以針對身體各部件進行屬性編輯，自由組合服飾，形成人體動作動畫。

目前 Daz3D 支援註冊後免費下載，如果使用付費版本，那麼商務軟體可以使用群組共用功能，以及使用 Daz3D 代幣購買社區市場內的模型資產。

Daz Studio 可以匯出 fbx 等 3D 檔案格式，以便後續匯入到 Blender、Unity 或 Unreal 引擎裡進行二次編輯繪製等操作。這裡我們簡單介紹一下 Daz3D 的操作介面，如圖 5-2 所示。最頂端是功能表列和快捷列；中間是模型的預覽和操作視窗，包含常見的平移、旋轉、縮放等操作，以及可以調整的繪製方式（比如 Iray 繪製）；螢幕左側主要包含內容庫以及內容管理，透過安裝經理安裝的素材（包括人物模型、服飾、各種道具）都可以在這裡尋找並增加到主場景中；右側的視窗分為兩部分，上半部分是可以顯示已經增加的模型清單，並且可以選擇顯示或隱藏特定模型，下半部分是人物的微調視窗，面部和身體的屬性操作都在這部分進行；最後是螢幕的最下方，這裡是一個常見的動畫設計介面，透過預製的姿態和對時間軸的操作拼接成完整的人物動畫。

在 Daz3D 裡選擇一個人物模型（見圖 5-3），對臉型、髮型、身體以及服飾進行選擇，並在匯入 Unity 或其他 3D 動畫工具之前保持 T 型姿勢或綁定姿勢。另外，Character Creator 等工具也可以使用，實現類似捏臉的效果（在第 6 章進行詳細介紹）。

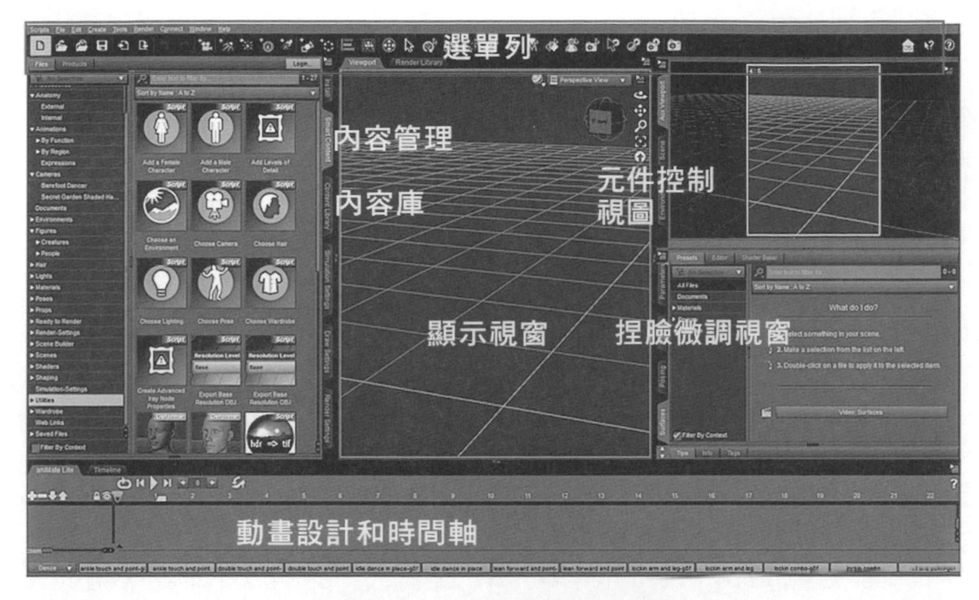

▲ 圖 5-2 Daz3D 視窗選單簡介

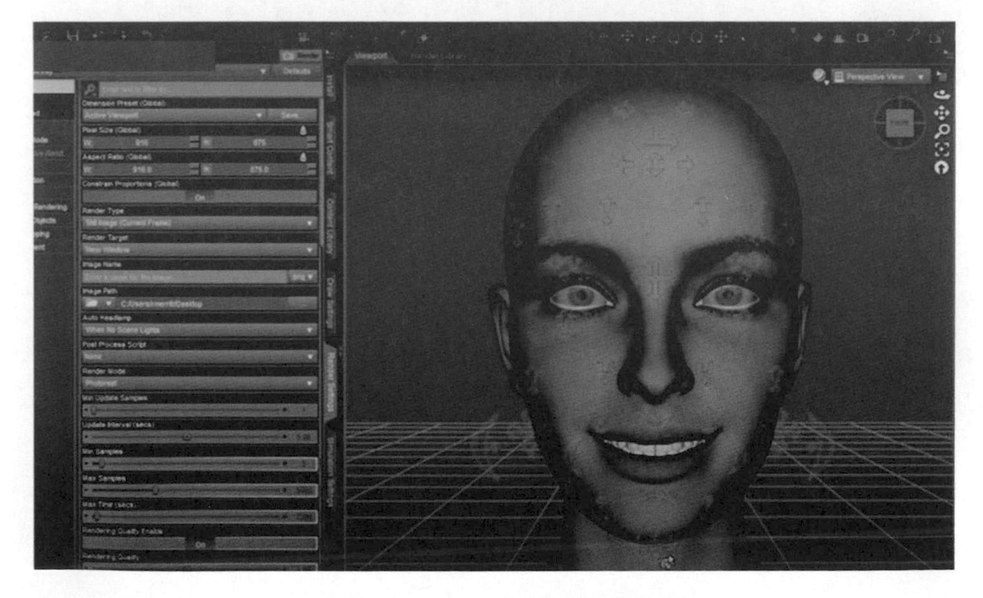

▲ 圖 5-3 Daz3D 創建模型範例

5.2.2 選擇 3D 動畫工具

常見的動作捕捉套件（比如 Xsense）附帶了和主流 3D 動畫工具的整合，可以實現動捕資料即時傳輸到 3D 動畫工具，從而驅動 3D 人物做出對應的動作。目前，Xsense 可以透過 MVN 介面軟體支援大部分主流的 3D 動畫工具，比如 Cinema 4D、Houdini、Blender 等，部分工具（比如 Unreal Engine、Maya 和 Unity 等）支援即時連線，可以滿足直播間即時互動的需求。

5.2.3 全身動作捕捉系統（硬體）

動作捕捉（motion capture）也稱動捕（mo-cap）或表演捕捉（performance capture），是一種透過硬體或軟體手段獲取動作的軌跡並遷移到虛擬角色上的技術。目前廣泛應用於運動科學、影視動畫、虛擬實境等領域中。這裡介紹目前行業主流的動捕裝置，以供參考。

（1）慣性動作捕捉套件：一般採用 IMU（慣性測量模組）和慣性導航感測器等測量真人演員的運動角度、方向和加速度等資訊，具有便於便攜等特性。Xsense 動作捕捉套件目前包含 MVN 連結套裝和 MVN Awinda，用於滿足不同場景下的使用需求。手指的運動可以選擇手套感測器套件，是目前慣性動作捕捉硬體的代表。類似的國內廠商諾亦騰 Perception Neuron 動作捕捉套件也提供即時動作捕捉、面部捕捉等功能，結合 iclone 軟體實現即時的模型驅動。

（2）光學動作捕捉套件（見圖 5-4）：一般採用紅外攝像機可以針對不同要求的解析度進行動作捕捉，在高精度和高採樣頻率中低延遲、多目標捕捉，而且可以支援長時間資料獲取和鏡頭擴充等功能。這裡光學動作捕捉的代表有 Optitrack 全身動作捕捉系統，使用 6～10 個光學相機環繞場地排列，透過高精度的人體關鍵點運動軌跡捕捉，即時模擬並指定虛擬人物動作。一般而言，若干個光學鏡頭透過 POE 網路進行連接，並且和動作捕捉軟體處於同一網路環境內。透過多個相機獲取 2D 定位圖形，在配套的動作捕捉軟體中還原成 3D 資訊。另外，透過動作捕捉進行 T 姿態標定並進行骨骼測量，結合擷取到的動作資訊即時還原人體姿態。

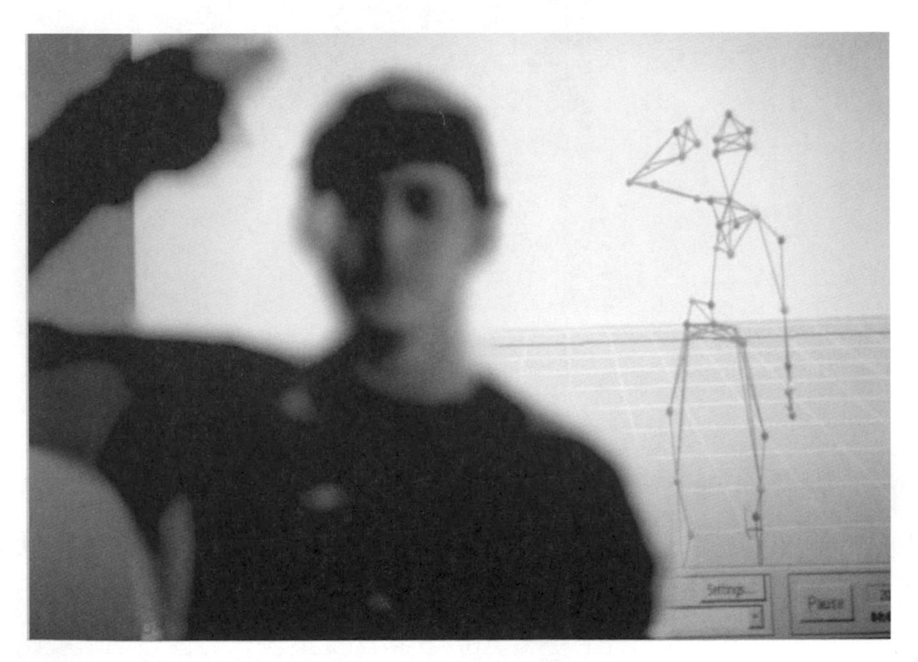

▲ 圖 5-4 光學捕捉裝置範例

5.2.4 採用 iPhone X 的面部辨識方式

（1）Faceit 是一個 Blender 外掛程式，用來針對 3D 模型創建複雜的面部表情，並且透過半自動的工作流精靈生存面部 shape key，透過頂點插值位移實現模型驅動的動畫效果。該外掛程式可以調配 3D 模型的拓撲和變形結構，而無須複雜的手工建模工作。使用時需要結合 iPhone X（或以上）的深度攝影機以及 face cap App 實現表情動作即時捕捉。Faceit 的範例如圖 5-5 所示。

▲ 圖 5-5 Faceit 範例

（2）同理，如果我們選擇 Unreal Engine 作為動畫引擎，就可以選用 Live Link Face 應用，使用深度相機和 Face id 來捕捉面部動作，透過 Unreal Engine 裡的 live link 外掛程式記錄即時或離線的面部追蹤資料。下面我們用一個簡單的例子介紹一下 Unreal Engine 中設定面部模型的即時連結方式：首先將手機 App 和電腦處於同一個區域網環境內，然後打開 face link App 軟體，點擊「設定」按鈕，輸入需要連結的 IP 位址（可以在電腦端 cmd 命令下輸入 ipconfig 獲取）。

接下來打開 Unreal Engine 軟體，選擇「即時連結」選型卡，選擇「Apple AR 面部追蹤」和我們在 face link App 中定義的主機名稱（這裡是 "iphonex"），如圖 5-6 所示。

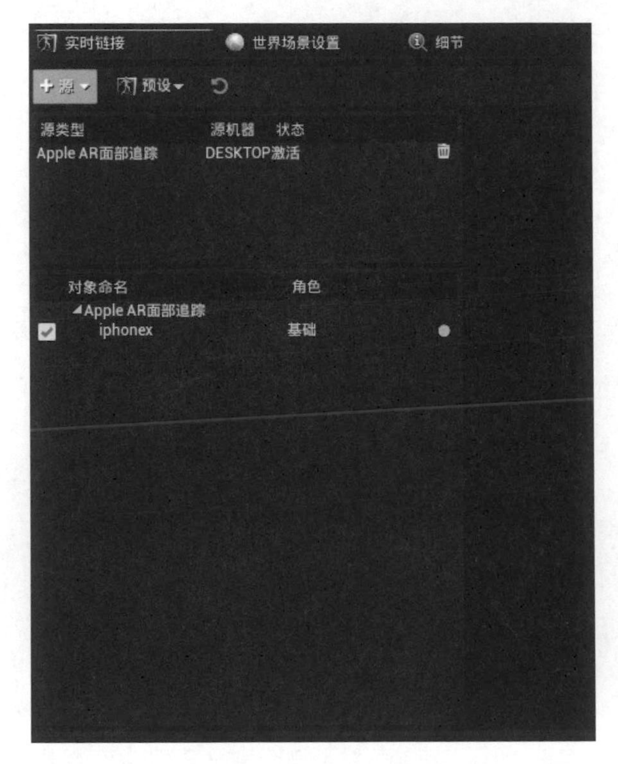

▲ 圖 5-6 Unreal Engine 中即時連結設定範例

設定好面部模型資料源後，我們需要選擇人物模型藍圖，然後選擇「細節」標籤，如圖 5-7 所示，定義 LLink Face Subj 資料來源，這裡選擇我們在「源」標籤裡已經定義好的 "iphonex"。

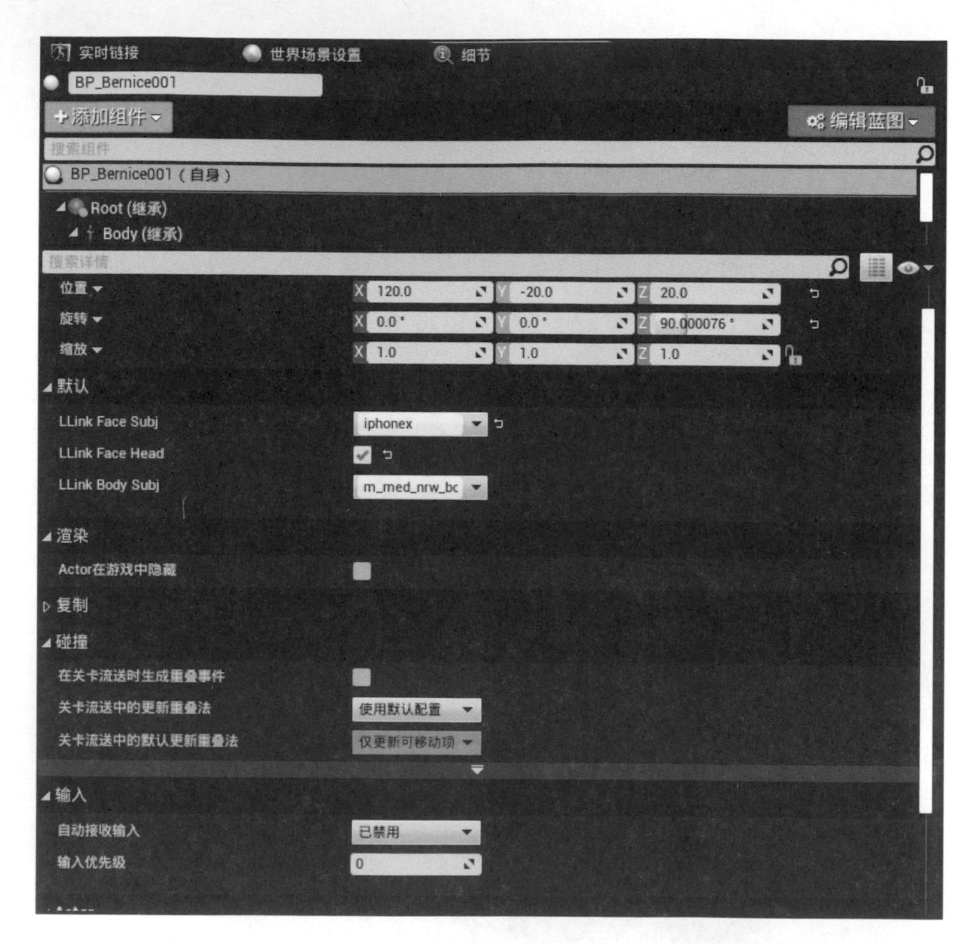

▲ 圖 5-7 Unreal Engine 中人物模型面部資料來源選擇設定

當我們設定好後，將焦點回到場景區域。打開 iPhone 的 face link App，讓攝影機對準自己的面部，經過簡單的校準生成 face mesh 後會發現面部表情已經遷移到我們在 Unreal Engine 中預製好的人物模型，並且當我們選取 LLink Face Head 時頭部的移動也會被記錄下來，並最終反映在虛擬人物中。圖 5-8 顯示了頭部運動遷移的效果。

▲ 圖 5-8 Unreal Engine 人物面部表情遷移範例

（3）借助 Blender 和 OpenCV 實現。該部分程式主要來自 joeVenner 關於 Blender Python 控制人物 Rig 的開放原始碼實現。

打開 Blender（見圖 5-9）後使用 Shift+F4 快速鍵打開 Blender 內建的 Python Console（區別於本機安裝的 Python 環境，是 Blender 軟體附帶的 Python 運行環境）。

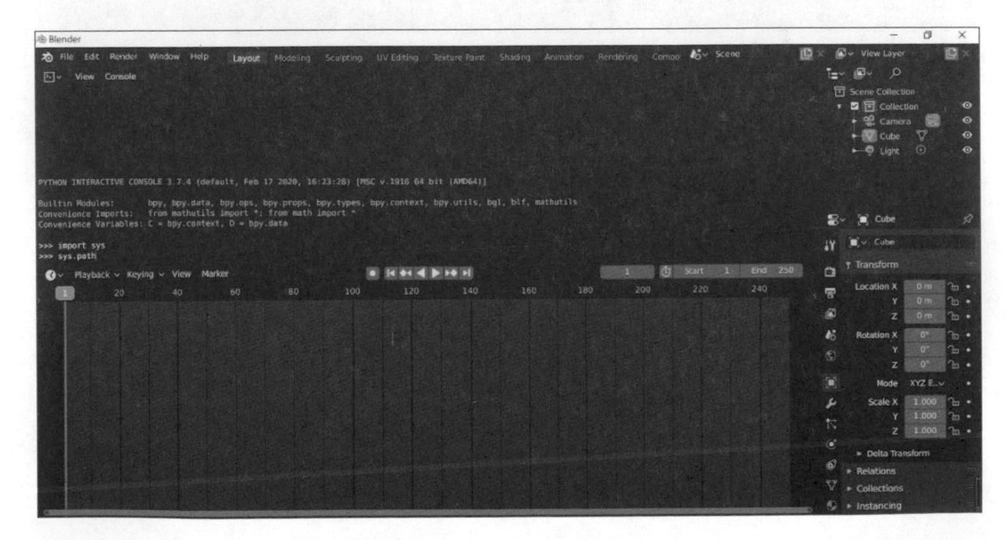

▲ 圖 5-9 Blender 視窗範例

接下來我們轉到 Python 運行環境目錄，打開文字編輯器（Scripting）視窗，執行下列程式。

程式清單 5-1 Blender 內建 Python 引擎安裝 OpenCV 相關 package

```
import subprocess
import sys
import os

python_main = os.path.join(sys.prefix,'bin', 'python.exe')
subprocess.call([python_main, "-m", "ensurepip"])
subprocess.call([python_main, "-m", "pip", "install", "--upgrade",
"pip"])
subprocess.call([python_main, "-m", "pip", "install", "opencv-python
opencv-contrib-python imutils numpy dlib"])
```

上述命令執行完畢後，選擇自己創建的圖示模型，並下載人臉辨識 68 個特徵點檢測資料庫 shape_predictor_68_face_landmarks.dat。

程式清單 5-2 Blender 驅動模型運動的核心程式

```
import bpy
from imutils import face_utils
import dlib
import cv2
from bpy.props import FloatProperty

class MyAnimOperator(bpy.types.Operator):
    bl_idname = "wm.opencv_operator"
    bl_label = "Animation Operator"

    #引入預先訓練好的模型
    p = "/home/project_folder/shape_predictor_68_face_landmarks.dat"
    detector = dlib.get_frontal_face_detector()
    predictor = dlib.shape_predictor(p)
```

```
    _timer = None
    _cap  = None

    width = 800
    height = 600

    stop :bpy.props.BoolProperty()

    #3D模型點
    model_points = numpy.array([
        (0.0, 0.0, 0.0),             # 鼻尖點
        (0.0, -330.0, -65.0),        # 下巴
        (-225.0, 170.0, -135.0),     # 左眼最左端
        (225.0, 170.0, -135.0),      # 右眼最右端
        (-150.0, -150.0, -125.0),    # 嘴巴最左端
        (150.0, -150.0, -125.0)      # 嘴巴最右端
    ], dtype = numpy.float32)
    # 相機矩陣
    cam_matrix = numpy.array(
                    [[height, 0.0, width/2],
                    [0.0, height, height/2],
                    [0.0, 0.0, 1.0]], dtype = numpy.float32
                    )

    def smooth_value(self, name, length, value):
        if not hasattr(self, 'smooth'):
            self.smooth = {}
        if not name in self.smooth:
            self.smooth[name] = numpy.array([value])
        else:
            self.smooth[name] = numpy.insert(arr=self.smooth[name], obj=0, 
values=value)
            if self.smooth[name].size > length:
                self.smooth[name] = numpy.delete(self.smooth[name], self.
smooth[name].size-1, 0)
```

```
        sum = 0
        for val in self.smooth[name]:
            sum += val
        return sum / self.smooth[name].size

    def get_range(self, name, value):
        if not hasattr(self, 'range'):
            self.range = {}
        if not name in self.range:
            self.range[name] = numpy.array([value, value])
        else:
            self.range[name] = numpy.array([min(value, self.range[name]
[0]), max(value, self.range[name][1])] )
        val_range = self.range[name][1] - self.range[name][0]
        if val_range != 0:
            return (value - self.range[name][0]) / val_range
        else:
            return 0

    def modal(self, context, event):

        if (event.type in {'RIGHTMOUSE', 'ESC'}) or self.stop == True:
            self.cancel(context)
            return {'CANCELLED'}

        if event.type == 'TIMER':
            self.init_camera()
            _, image = self._cap.read()
            gray = cv2.cvtColor(image, cv2.COLOR_BGR2GRAY)
            rects = self.detector(gray, 0)

            #針對找到的面部找到關鍵點
            for (i, rect) in enumerate(rects):
                shape = self.predictor(gray, rect)
                shape = face_utils.shape_to_np(shape)
```

```
        image_points = numpy.array([shape[30],# 鼻尖點 - 31
                                    shape[8],   # 下巴- 9
                                    shape[36],  # 左眼最左端 - 37
                                    shape[45],  # 右眼最右端- 46
                                    shape[48],  # 嘴巴最左端 - 49
                                    shape[54]   # 嘴巴最右端- 55
                                ], dtype = numpy.float32)

        dist_coeffs = numpy.zeros((4,1))

        if hasattr(self, 'rotation_vector'):
            (success, self.rotation_vector, self.translation_vector)
= cv2.solvePnP(self.model_points,
                image_points, self.camera_matrix, dist_coeffs,
flags=cv2.SOLVEPNP_ITERATIVE,
                rvec=self.rotation_vector, tvec=self.translation_
vector,
                useExtrinsicGuess=True)
        else:
            (success, self.rotation_vector, self.translation_vector)
= cv2.solvePnP(self.model_points,
                image_points, self.camera_matrix, dist_coeffs,
flags=cv2.SOLVEPNP_ITERATIVE,
                useExtrinsicGuess=False)

        if not hasattr(self, 'first_angle'):
            self.first_angle = numpy.copy(self.rotation_vector)

        bones = bpy.data.objects["RIG-Vincent"].pose.bones

        bones["head_fk"].rotation_euler[0] = self.smooth_value("h_
x", 3, (self.rotation_vector[0] - self.first_angle[0])) / 1   # 上下
        bones["head_fk"].rotation_euler[2] = self.smooth_value("h_
y", 3, -(self.rotation_vector[1] - self.first_angle[1])) / 1.5  # 旋轉
```

```
            bones["head_fk"].rotation_euler[1] = self.smooth_value("h_
z", 3, (self.rotation_vector[2] - self.first_angle[2])) / 1.3  # 左右

            bones["mouth_ctrl"].location[2] = self.smooth_value("m_
h", 2, -self.get_range("mouth_height", numpy.linalg.norm(shape[62] -
shape[66])) * 0.06 )
            bones["mouth_ctrl"].location[0] = self.smooth_value("m_
w", 2, (self.get_range("mouth_width", numpy.linalg.norm(shape[54] -
shape[48])) - 0.5) * -0.04)
            bones["brow_ctrl_L"].location[2] = self.smooth_value("b_
l", 3, (self.get_range("brow_left", numpy.linalg.norm(shape[19] -
shape[27])) -0.5) * 0.04)
            bones["brow_ctrl_R"].location[2] = self.smooth_value("b_
r", 3, (self.get_range("brow_right", numpy.linalg.norm(shape[24] -
shape[27])) -0.5) * 0.04)

            bones["head_fk"].keyframe_insert(data_path= "rotation_
euler", index=-1)
            bones["mouth_ctrl"].keyframe_insert(data_path= "location",
index=-1)
            bones["brow_ctrl_L"].keyframe_insert(data_path= "location",
index=2)
            bones["brow_ctrl_R"].keyframe_insert(data_path= "location",
index=2)

            for (x, y) in shape:
                cv2.circle(image, (x, y), 2, (0, 255, 255), -1)

        cv2.imshow("Output", image)
        cv2.waitKey(1)

    return {'PASS_THROUGH'}

  def init_camera(self):
    if self._cap == None:
```

```
        self._cap = cv2.VideoCapture(0)
        self._cap.set(cv2.CAP_PROP_FRAME_WIDTH, self.width)
        self._cap.set(cv2.CAP_PROP_FRAME_HEIGHT, self.height)
        self._cap.set(cv2.CAP_PROP_BUFFERSIZE, 1)
        time.sleep(0.5)

    def stop_playback(self, scene):
        print(format(scene.frame_current) + " / " + format(scene.frame_
end))
        if scene.frame_current == scene.frame_end:
            bpy.ops.screen.animation_cancel(restore_frame=False)

    def execute(self, context):
        bpy.app.handlers.frame_change_pre.append(self.stop_playback)

        wm = context.window_manager
        self._timer = wm.event_timer_add(0.02, window=context.window)
        wm.modal_handler_add(self)
        return {'RUNNING_MODAL'}

    def cancel(self, context):
        wm = context.window_manager
        wm.event_timer_remove(self._timer)
        cv2.destroyAllWindows()
        self._cap.release()
        self._cap = None
```

在本例中，我們使用 OpenCV 進行人臉關鍵點檢測、人臉檢測、眼睛檢測等（方法是 haar 加上 cascade）。

（1）載入人臉檢測器。

（2）創建 Facemark 實例。

（3）載入特徵點檢測器。

（4）從攝影機捕捉畫面幀。

（5）針對攝影機的每一幀運行人臉檢測器，透過 detectMultiScale 獲取影片幀裡的人臉，輸出為矩形向量，至於可能出現的多個人臉，這裡選取檢測到的人臉中的最大人臉作為我們驅動模型的原型。

（6）針對最大的人臉運行人臉特徵檢測器。

程式清單 5-3 運行人臉特徵檢測器

```
_, landmarks = self.fm.fit(image, faces=faceBiggest)
```

（7）針對我們在 Blender 裡選取的目標模型獲取驅動影片裡的面部關鍵部位點，這裡選擇鼻尖、下巴、左右眼角和嘴巴的位置作為驅動的標記點，如圖 5-10 所示。

▲ 圖 5-10 面部關鍵點範例

（8）判斷頭部的運動以及眼睛、嘴巴、鼻子等的移動。由於真實的圖片座標系原點和 Blender 的影像座標系原點有一定的誤差，因此這裡引入

cv2.solvepnp 進行相機的位置估計。透過相機和影像的投影關係，推導出世界座標系和影像座標系的關係。

程式清單 5-4 相機位置估計函數

```
cv2.solvePnP( self.model_points,
image_points,
self.camera_matrix,
dist_coeffs,
flags=cv2.SOLVEPNP_ITERATIVE,
rvec=self.rotation_vector,
tvec=self.translation_vector,
useExtrinsicGuess=True)
程式清單5-5  設定相機參數矩陣
# 設定相機參數矩陣
   camera matrix = np.array(
      [[focal_length, 0.0, size[0] / 2],
       [0.0, focal_length, size[1] / 2],
       [0.0, 0.0, 1.0]], dtype=numpy.float32
   )
```

（9）透過 useExtrinsicGuess 參數來控制是否輸出平移向量和旋轉向量，這裡選擇輸出旋轉矩陣，並且透過旋轉矩陣和尤拉座標轉換獲取搖頭、點頭和擺頭（YAW、PITCH、ROLL）的偏移量（見圖 5-11），從而獲取在 3D 模型下的頭部姿態運動量，進而透過 Blender 中對頭部物體移動函數的呼叫 bpy.context.object.rotation_euler 來實現模擬攝影機中真人頭部的移動。

這裡頭部的運動主要包含旋轉和位移操作，在 Blender 裡主要是使用 bpy.context.object.rotation_euler 和 bpy.context.object.location 函數來實現的。

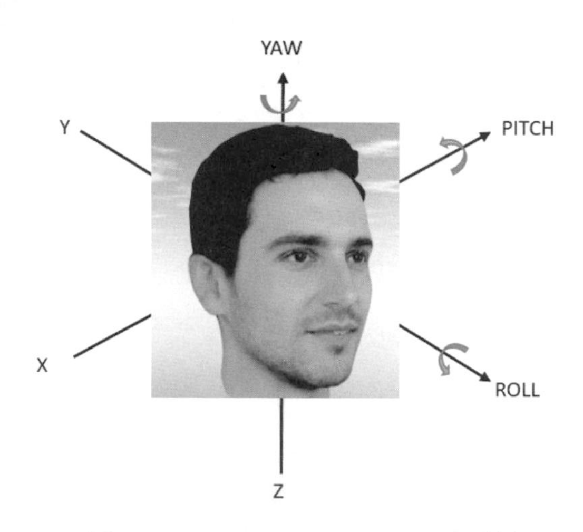

▲ 圖 5-11 YAW、PITCH、ROLL 範例

另外，Blender 中物體的操作會在整個程式執行後顯示出來，為了觀察頭部的運動過程，這裡引入插幀的 api——obj.keyframe_insert(data_path="location", index=0)，實現對應幀儲存物件的資訊。其中，index 為 0 時指的是 Y 軸，表示在 Y 軸上實現的平移操作。可以透過定義整個頭部運動的驅動以及嘴巴、眉毛和眼瞼運動的驅動來完成整個面部驅動方式的定義。

5.3 免費的人工智慧方案

5.3.1 機器學習驅動 3D 模型——人體動作

我們除了給虛擬人物指定豐富的面部表情外，人體動作也是關鍵的一環。透過本節的學習讀者可以掌握讓人物動起來的方法。

1. 創建 3D 人物模型

在引入我們的動作驅動方案之前，需要一個人體模型，這裡可以參照 4.2.1 節的步驟創建自己的虛擬偶像 3D 模型；這裡介紹另一種基於開放原始碼軟體 Blender 的建模方式。

一般而言，我們在進行人物模型設計之前，需要對即將創建的虛擬形象進行概念設計，也就是對基本的人物屬性進行規劃，比如年紀、性別、身份和職業等；在遊戲和電影設計中，該步驟非常關鍵，透過對角色身份的定位，以及對屬性和性格的刻畫，使得人物角色擁有個性化和生動的表現。

這裡我們針對人物形象進行角色設計，並畫了 2 張人物草圖，分別為正面圖和側面圖，如圖 5-12 所示，在接下來的建模環節中會作為參考圖引入。

▲ 圖 5-12 人物草圖：正面（左），側面（右）

接下來的步驟是創建範本 template，當該範例專案完成後，後續當我們需要創建其他類似的人物模型時就可以直接更改參考圖實現快速進入模型編輯階段。

（1）首先我們打開 Blender 軟體，打開預設專案，可以看到預設的 cube 立方體。選擇立方體，選擇選單 "items → dimensions"，並將 X、Y、Z 分別調整為 2m、2m、1.6m，如圖 5-13 所示。

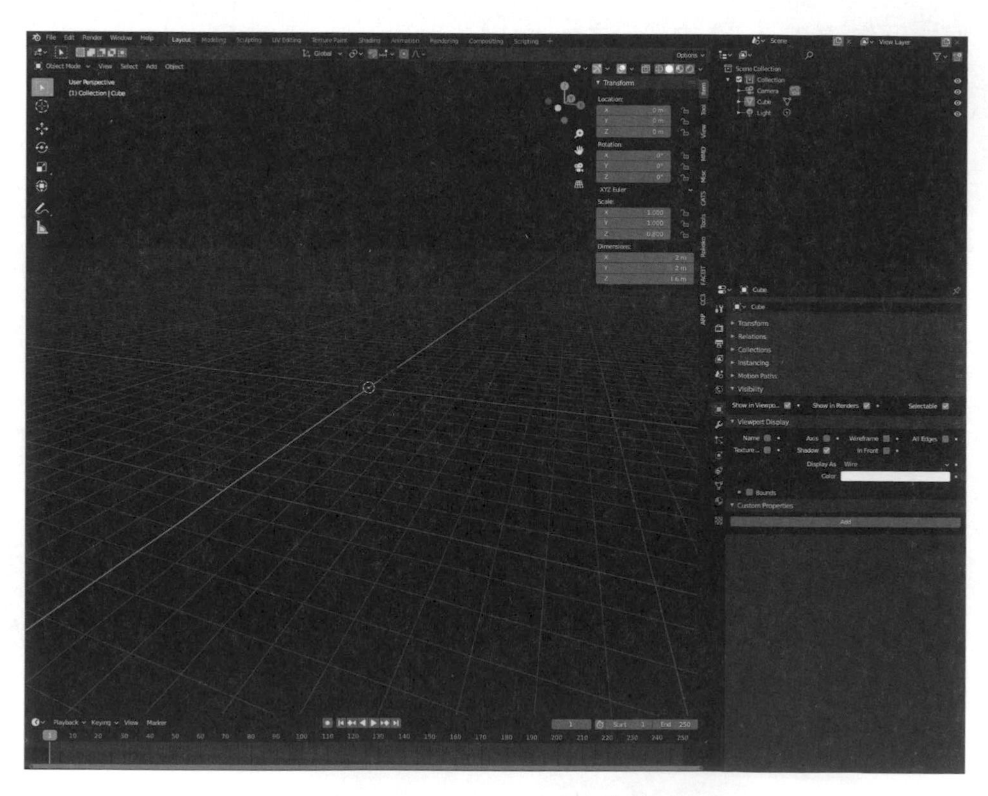

▲ 圖 5-13 cube 立方體緯度的調整

（2）打開 "Viewpoint Display" 選項，選擇 Display as 下的 Wire 選項，如圖 5-14 所示。

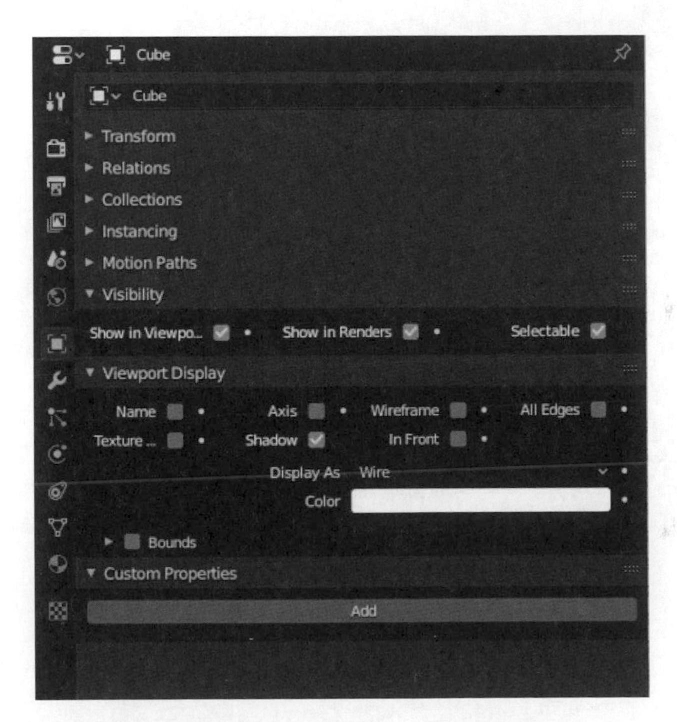

▲ 圖 5-14 Viewpoint 顯示調整

（3）接下來我們需要引入參考圖，分別選擇 front view（快速鍵：小鍵盤 1），right view（快速鍵：小鍵盤 3），然後執行 "Add → Reference" 命令，選擇我們已經畫好的前視圖和側面圖（見圖 5-15）。建立參考圖後的場景如圖 5-16 所示。

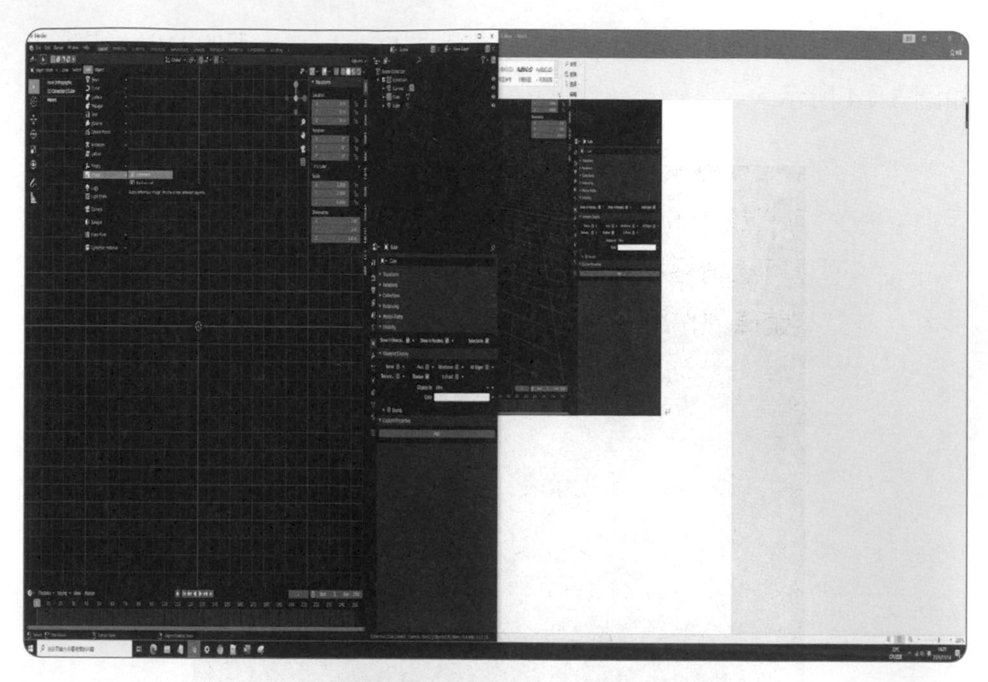

▲ 圖 5-15 建立參考圖

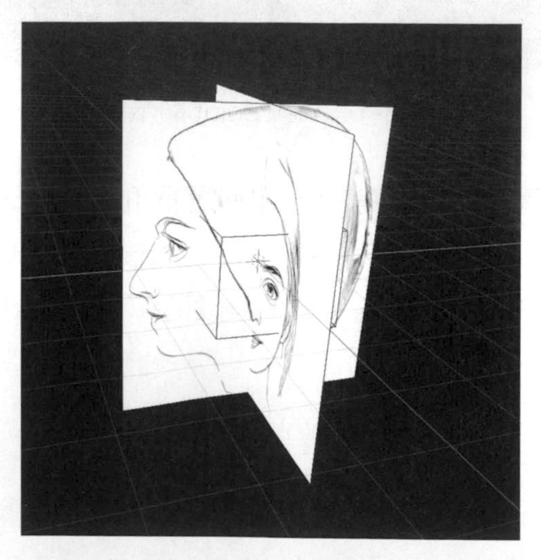

▲ 圖 5-16 建立好參考圖的場景

（4）現在看上去參考圖是交疊在一起的，這種位置不適合我們進行參照建模，需要將 front 和 side 參考圖分別調整在 cube 立方體的兩側。使用快速鍵 G+X 和 G+Y 分別沿著 X 軸、Y 軸進行平移，平移後的效果如圖 5-17 所示。

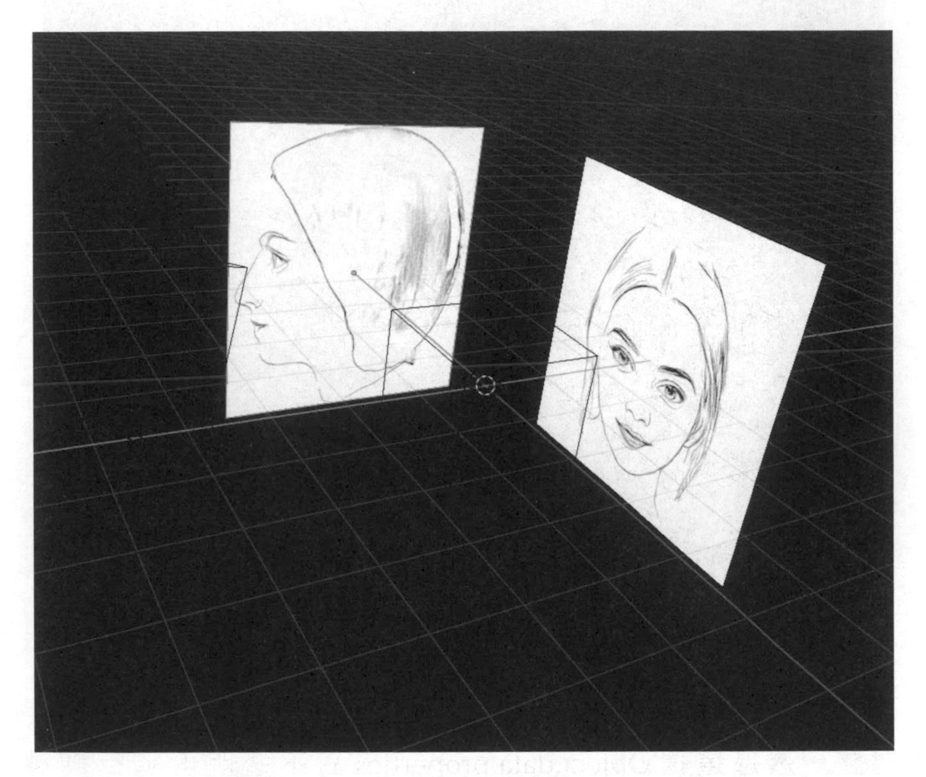

▲ 圖 5-17　參考圖位置調整至 cube 兩側

（5）接下來我們需要移動參考圖的位置，在這裡先做一個假設，中央立方體 cube 的高度是最終人體的高度，需要將參考圖移動至頭部的位置（即面的上半部分）。按住 Shift 鍵選中物件區域的 empty 以及 empty.001，切換到前視圖 front view（快速鍵：小鍵盤 1）。透過按 S

鍵進行縮放，然後按 G 鍵進行位置調整。同理切換到右視圖 side view（快速鍵：小鍵盤 3）進行縮放和調整操作，最終效果如圖 5-18 所示。

▲ 圖 5-18 參考圖縮放平移後的效果

（6）為了便於我們針對參考圖進行建模，這裡對參考圖的透明度進行調整，透過選擇 Object.data.properties 對不透明度進行調整，將 "Transparancy → Opacity" 設定成 0.25；同時將 Side 選擇單面 "Back"，如圖 5-19 所示。

（7）選擇參考圖 empty 和 empty.001 物件，分別重新命名為 template.front/side，並且新建一個 Collection 命名為 templates，將之前 2 個 template 物件拖進 templates 集合下使得成為其子集，如圖 5-20 所示。

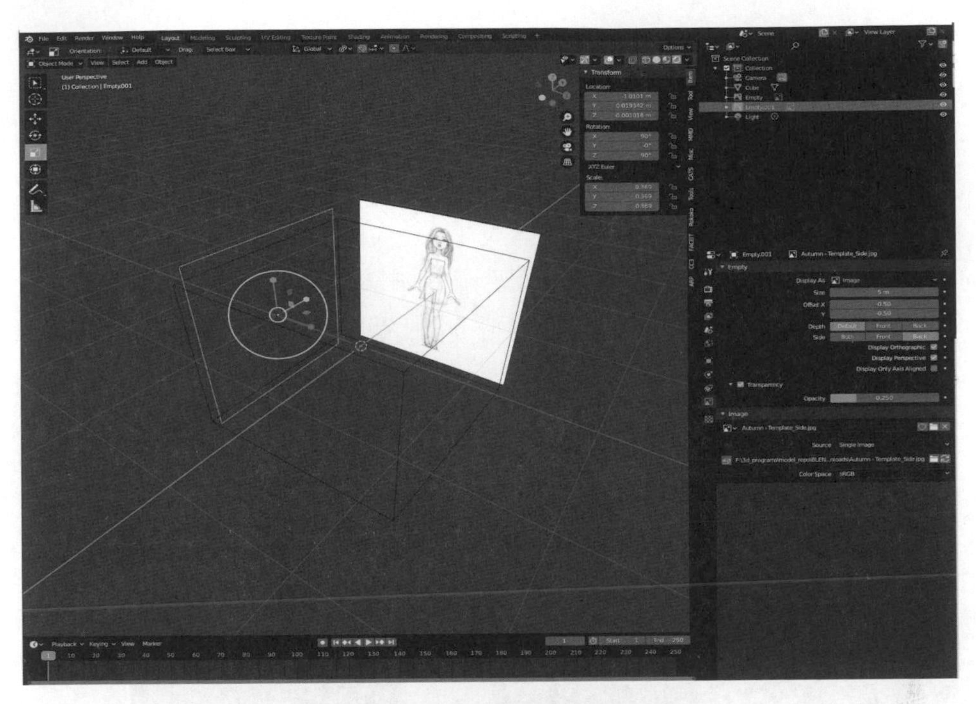

▲ 圖 5-19 參考圖不透明度調整

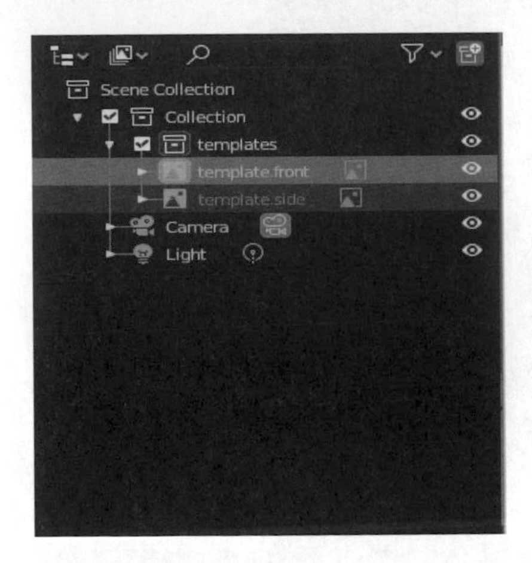

▲ 圖 5-20 templates collection 的創建

（8）參考圖範本創建好後，我們可以著手準備建模的操作了。這裡引入常見的人物建模外掛程式，比如 MESH:F2、MESH:LOOPTOOLS、MESH: EXTRA OBJECTS 等用於建模輔助以降低建模難度，提高建模效率，外掛程式預設處於關閉狀態，需要在系統選單中搜索並啟用。

（9）接下來是建模環節的介紹。在使用者視圖介面下選中 scene collection，使用 Shift+A 快速鍵呼叫出選單，選擇 "mesh → round cube" 往場景中增加一個球狀立方體，如圖 5-21 所示。設定半徑為 1 調整該物體的大小，如圖 5-22 所示。

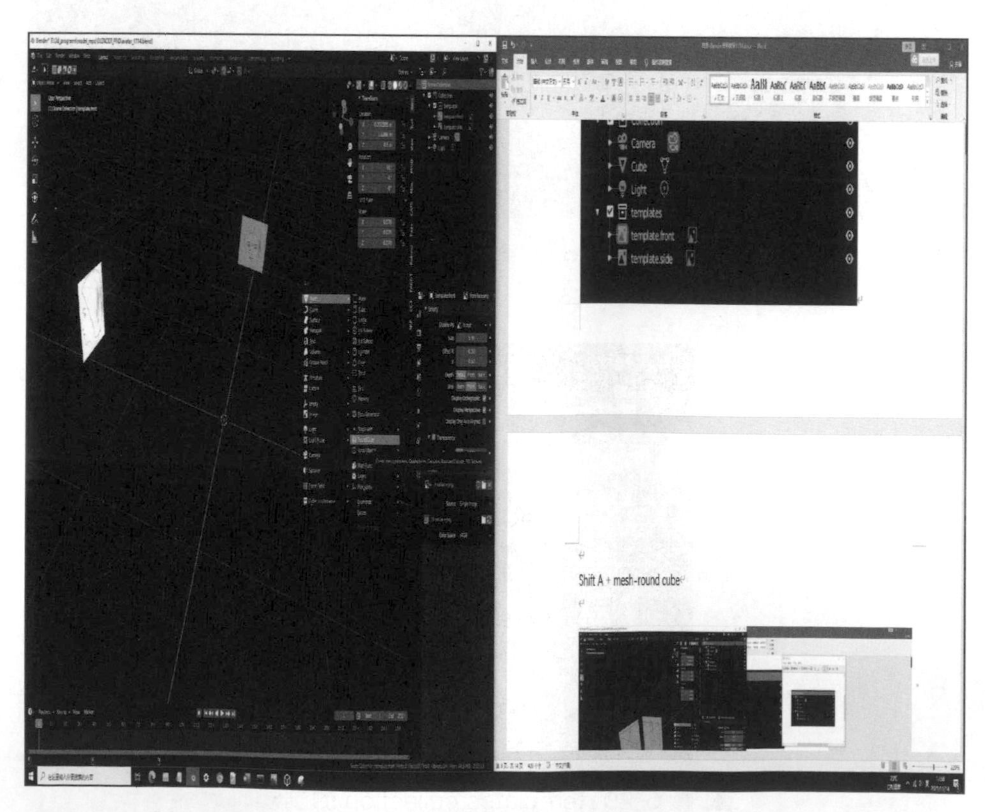

▲ 圖 5-21　增加球狀立方體

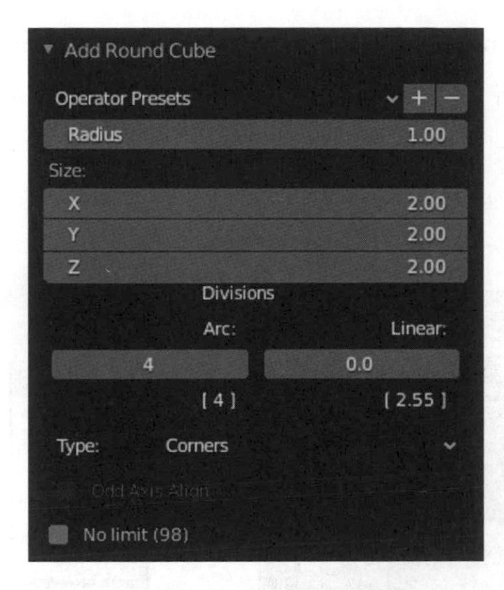

▲ 圖 5-22 設定半徑

（10）接下來使用小鍵盤 1 切換到 front 前視圖，並且選擇編輯模式 edit mode。按 S 鍵縮放 cube，使得 cube 貼合參考圖的大小，並且使用 G+Z 快速鍵平移 cube 和 front 參考圖同樣的位置上，如圖 5-23 所示。

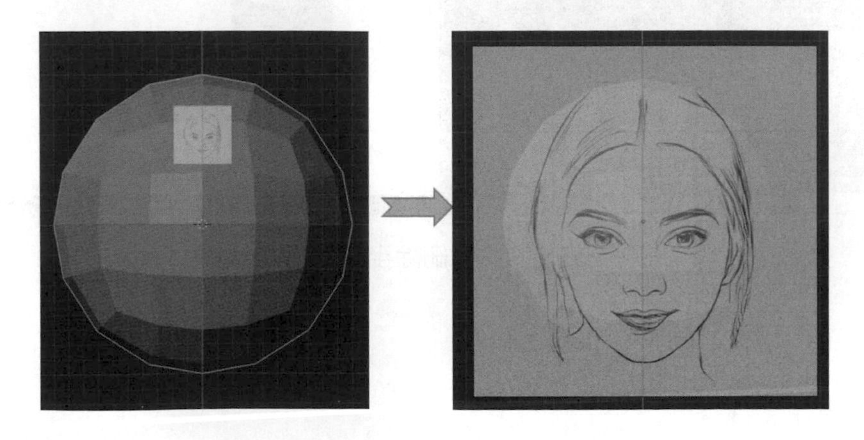

▲ 圖 5-23 調整 round cube 的位置和大小

（11）切換到 edit mode，選擇左半部分，按下 X 鍵選擇 faces 並進行刪除，如圖 5-24 所示。刪除後在選中 round cube 物件的基礎上選擇 "add modifier → mirror"，此時看到鏡像被複製了一份，在這裡要注意的是，需要確保 clipping 處於被選中的狀態，如圖 5-25 所示。

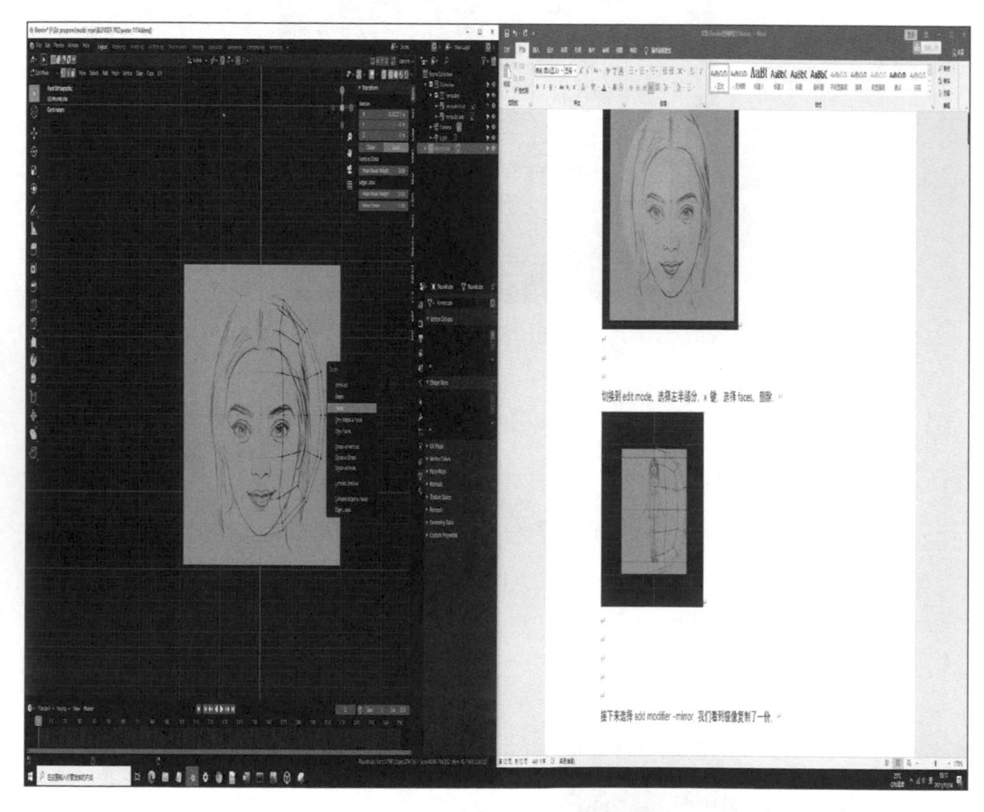

▲ 圖 5-24 刪除半邊臉部

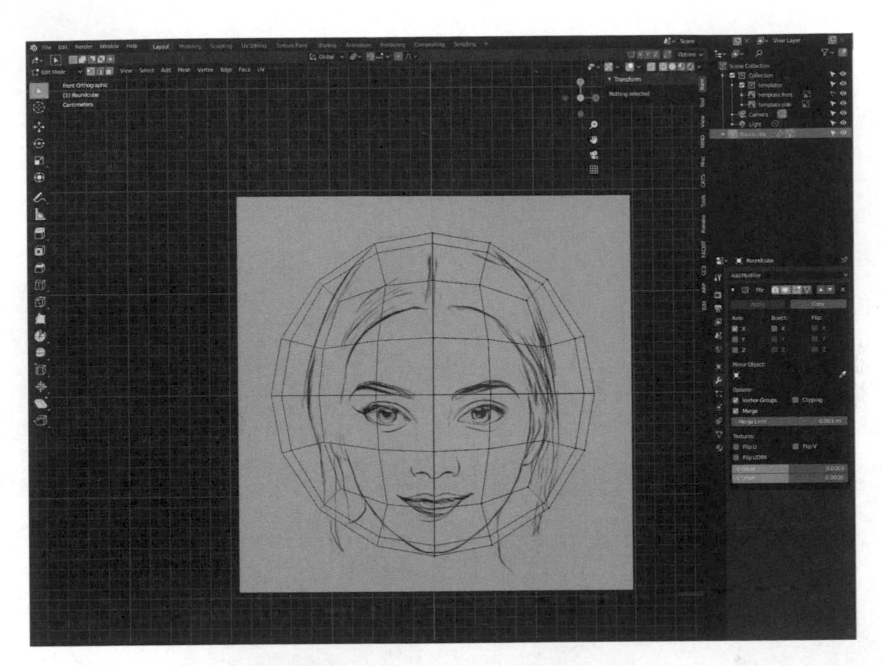

▲ 圖 5-25 修改器 - 鏡像的使用

（12）接下來使用小鍵盤 3 回到右視圖 side view，在 OBJECT MODE 下選擇 round cube 物件，按住 S 鍵進行縮放至頭部大小，然後按 G+Z 快速鍵調整至頭部位置，最終效果如圖 5-26 所示。

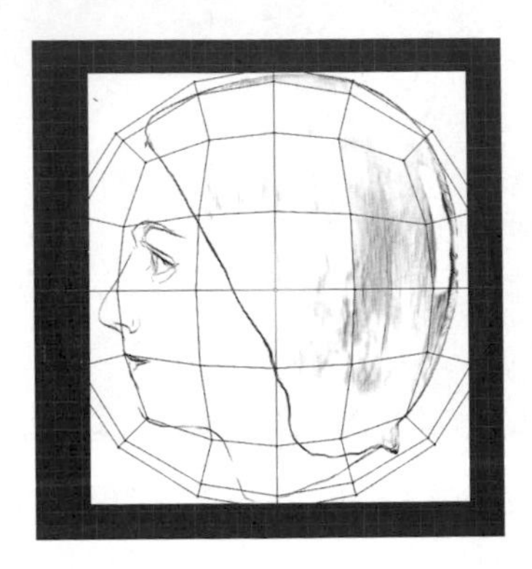

▲ 圖 5-26 右視圖下 round cube 的調整

（13）我們繼續切換到 front 正面視圖，選擇超出頭部邊界的頂點，使用 O 鍵或點擊上半部的小小數點，選擇等比例編輯工具 proportional editing，然後使用 G 鍵進行移動調整線和面的邊界。如果覺得等比例縮放的範圍太大，可以透過滑鼠滾輪進行調整選中範圍的大小。透過反覆選擇頂點和邊，使得線框盡可能地貼近頭骨的輪廓，如圖 5-27 和圖 5-28 所示。

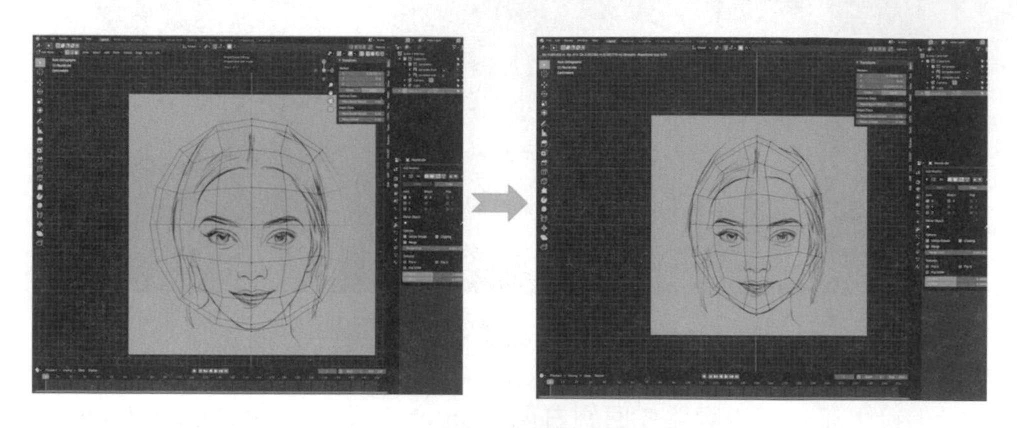

▲ 圖 5-27 等比例編輯工具的使用

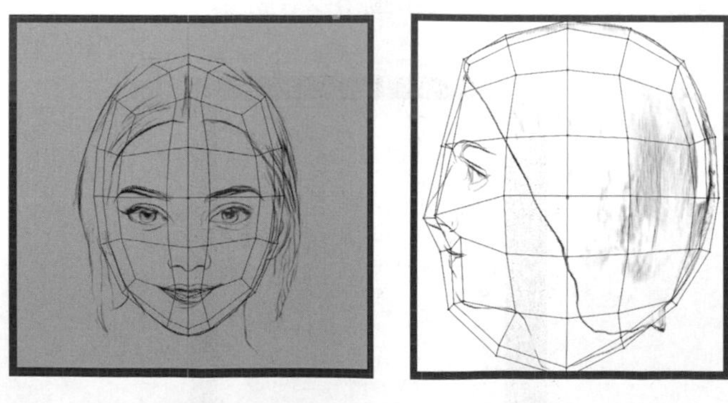

▲ 圖 5-28 調整後的 front/side view

（14）在視圖視窗中可以看到基本的頭部雛形已經生成。接下來切換到 sculpt mode 雕刻模式，選擇 "smooth" 平滑工具，力度調整至 0.15，將部分生硬的邊和頂點進行平滑處理，如圖 5-29 所示。

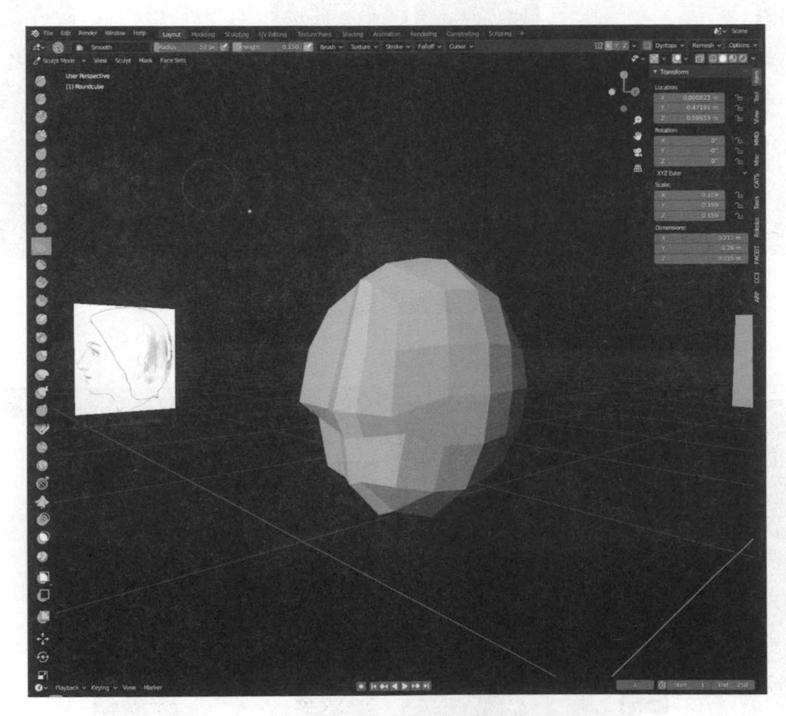

▲ 圖 5-29 切換至雕刻模式使得線條平滑

（15）在編輯模式 edit mode 下，點選 face select，選擇眼睛部分，按 I 鍵增加眼睛周圍的 loop hole，並且按 G 鍵調整位置，如圖 5-30 所示。

（16）接下來製作眼睛。我們在圖中增加更多的幾何體，先來增加眼球，在 object mode 下按 Shift＋A 快速鍵選擇 "UV sphere"，增加一個球體作為眼球，如圖 5-31 所示。

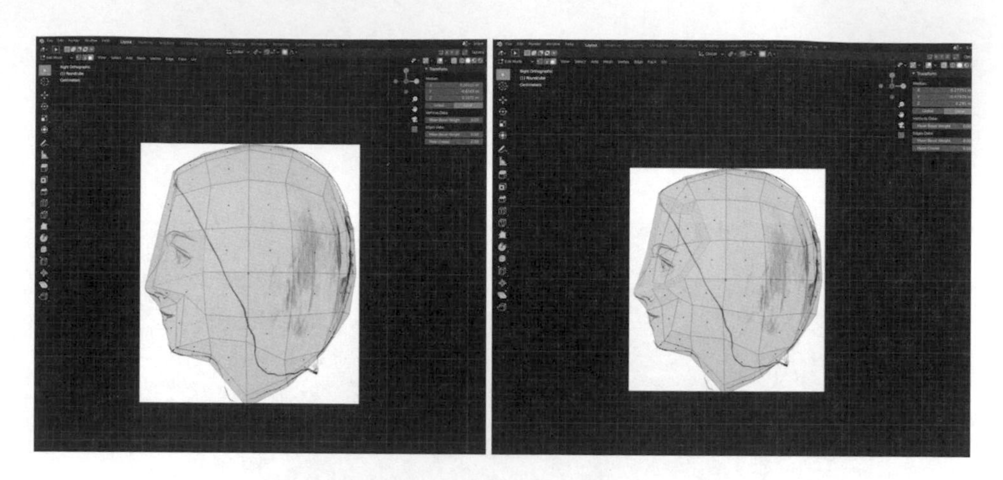

▲ 圖 5-30 為頭部增加眼眶的線條

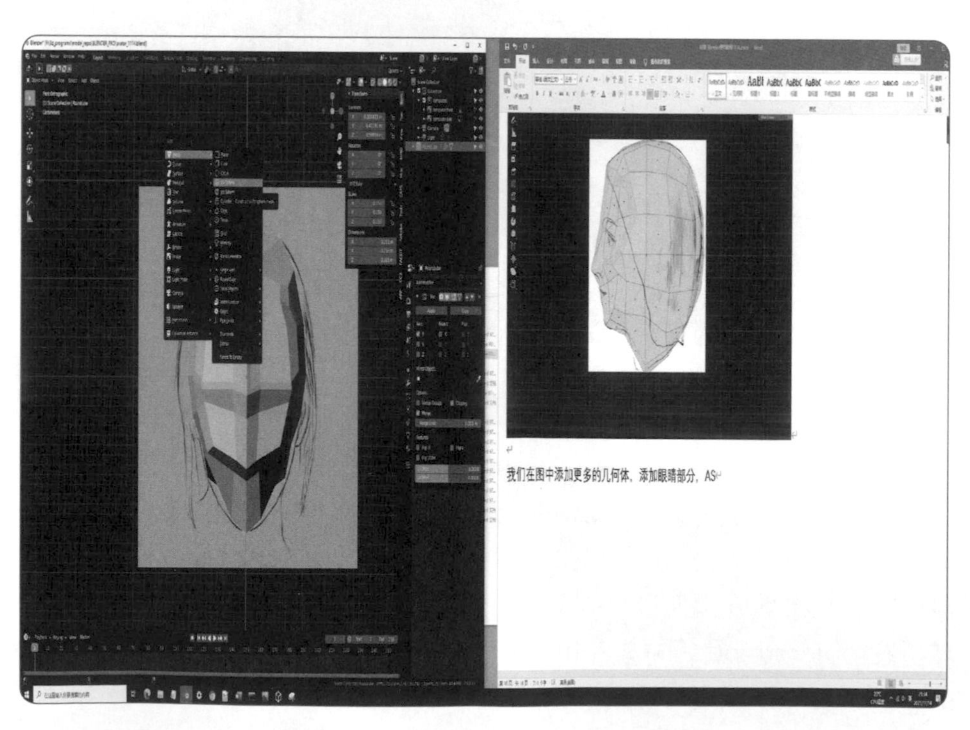

▲ 圖 5-31 增加 UV sphere 作為眼球

（17）透過調整眼睛的大小和位置，將眼球放到參考圖指定的位置（見圖 5-32）。調整完畢後使用 Shift＋D 快速鍵複製眼睛並進行位置調整（見圖 5-33）。

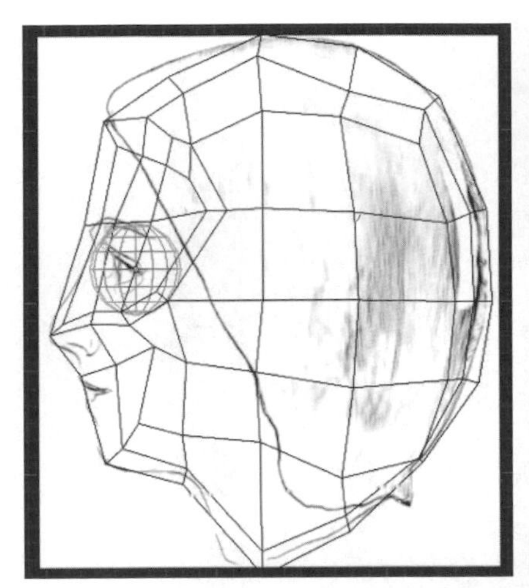

▲ 圖 5-32 調整眼球位置

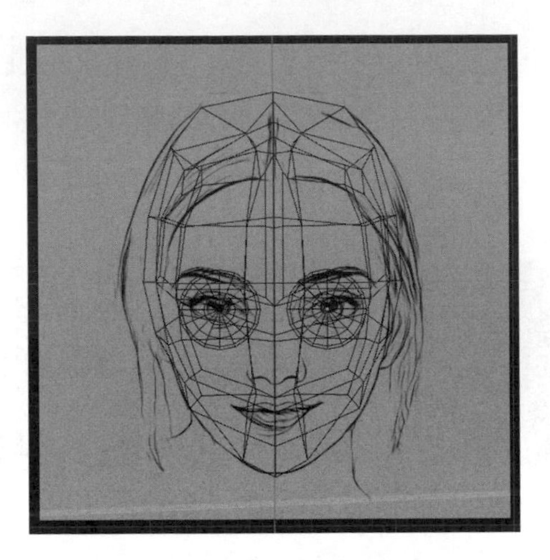

▲ 圖 5-33 複製眼球並調整位置

（18）接下來我們開始調整眼周的四邊形，使其貼合眼眶的形狀，如圖 5-34 所示。

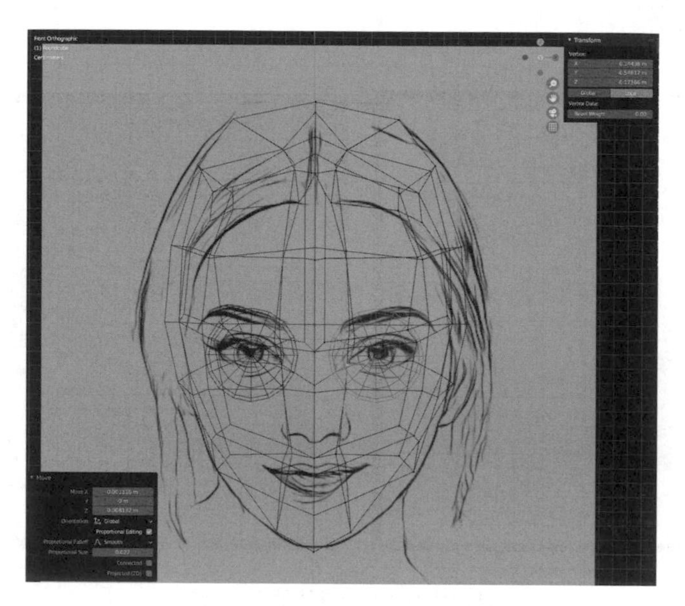

▲ 圖 5-34 調整眼周示意圖

（19）透過擠壓變形工具給模型增加鼻子和嘴巴（可以引入高精度圖片作為參考圖），並且對模型進行微調，最後進行 UV 貼圖，整個過程如圖 5-35 所示。

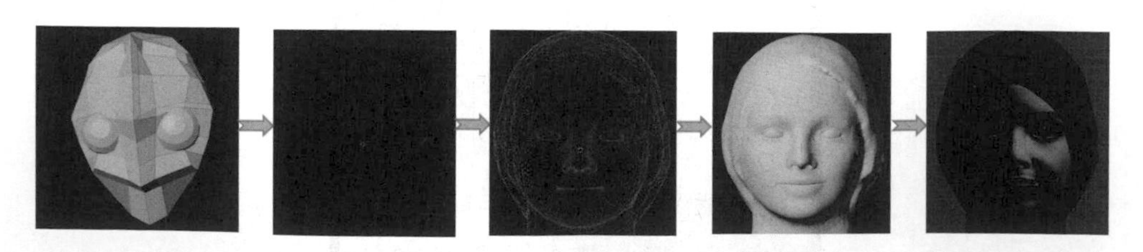

▲ 圖 5-35 頭部建模的第二階段

2. 透過靜態圖片生成 3D 模型

在之前的章節中我們介紹了如何透過 Daz Studio 或 Character Creator 進行捏臉並匯入到 Blender 或其他 3D 動畫工具進行後續骨骼綁定和動畫設定的方法。這裡介紹一種透過靜態圖片生成 3D 模型的方式。

首先準備一張靜態圖片，最好是正面照，包含完整的面部和身體（無遮擋）。這裡介紹一下 PIFuHD（一個基於深度神經網路的將靜態圖片進行 3D 姿態估計的實現，對於廣大建模同好有著較強的吸引力）。目前可以透過 https://shunsukesaito.github.io/PIFuHD/ 嘗試將圖片轉成 3D 模型的操作。由於技術問題，模型的精度還沒有那麼高（見圖 5-36），需要將 obj 模型檔案匯入 Blender 等工具中進行二次創作。

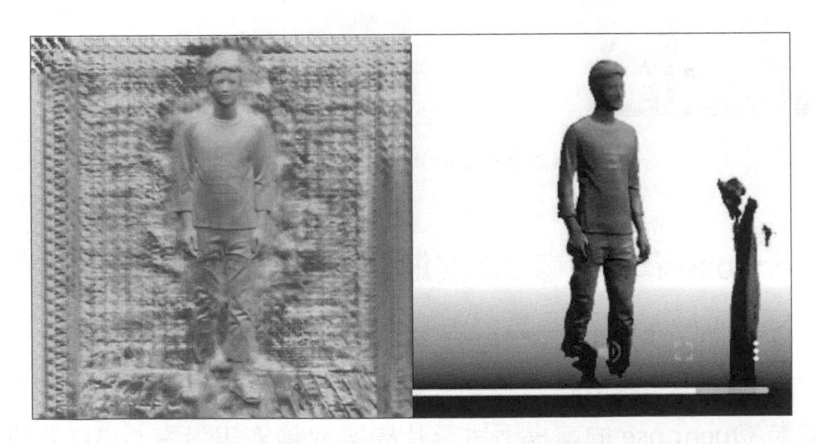

▲ 圖 5-36 PIFuHD 生成模型範例

PIFuHD 的全稱是 Pixel-Aligned Implicit Function HD，是透過 2D 圖片重建 3D 人體模型的神經網路架構，是由 Facebook AI 研究小組開發的，可支援 1024×1024 的圖片作為輸入，獲取到面部表情、手指等細節。該框架包含了兩層 PIFu 模組。首先，基礎層透過下採樣的方式獲取較低解析度的訓練模型，從而獲取更廣的空間背景，以及全域的特徵；接著引入精細層的模型，透過低解析度模型的輸出作為輸入，用於獲取局部上下文資訊以及給 3D 模型增加細節資訊。PIFuHD 演算法示意圖如圖 5-37 所示。

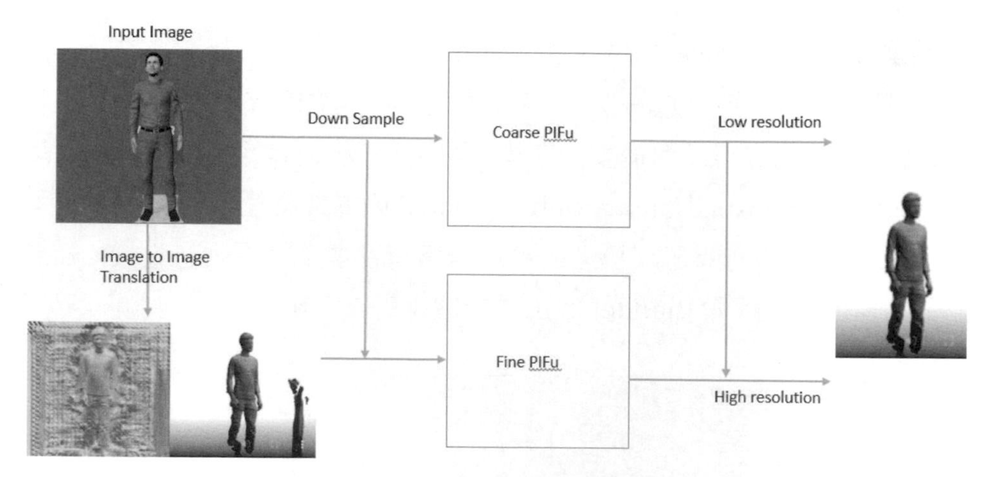

▲ 圖 5-37 PIFuHD 演算法示意圖

3. Openpose 獲取姿態 3D 關鍵點

在第 3 章中我們介紹了 Openpose 這個基於卷積神經網路和監督學習以及用於人體動作、面部表情等姿態估計的開放原始碼實現。這裡我們需要在安裝 Openpose 的前提下對影片檔案或輸入串流進行 3D 關鍵點提取。

程式清單 5-6 Openpose 提取關鍵點範例

```
./build/examples/openpose.bin
        --image_dir /path/to/images/
        --num_gpu_start 1
```

```
--display 2
--fullscreen
--write_images /path/to/res_images/
--write_json /path/to/json/
```

4. 綁定骨骼驅動人物動作

BVH 格式是目前動作捕捉最常見的格式之一，是 Biovision 公司最早提出的動作捕捉資料格式，其檔案包含兩塊內容，即頭部資訊和資料部分。這裡我們以一個 BVH 檔案為例說明，結構示意圖如圖 5-38 所示。

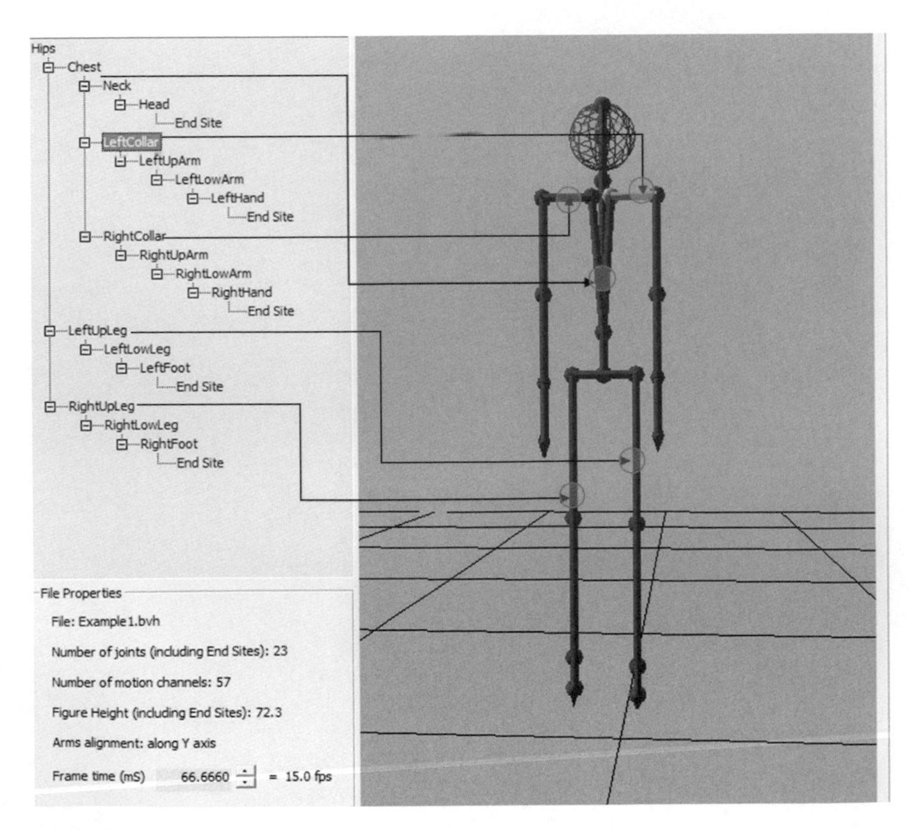

▲ 圖 5-38 BVH 結構示意圖

其中，頭部資訊定義了骨骼的結構和骨骼初始的姿態，以 HIERARCHY 關鍵字開始，並以骶部為根部（ROOT）定義一段骨骼結構。BVH 可以支援多個骨骼結構的定義。可以透過 OFFSET 制定在 Z、X、Y 軸上相對父層節點的偏移量、繪製父層節點的方向和長度。CHANNELS 關鍵字用來表明 channel 的類型，為 MOTION 資料解析的時候提供規範和依據。通常來說，ROOT 有 6 個 channel，其他的節點有 3 個 channel。

程式清單 5-7 BVH 檔案表頭部定義範例

```
HIERARCHY
ROOT Hips
{
   OFFSET   0.00  0.00  0.00
   CHANNELS 6 Xposition Yposition Zposition Zrotation Xrotation
Yrotation
   JOINT Chest
   {
      OFFSET    0.00  5.21  0.00
      CHANNELS 3 Zrotation Xrotation Yrotation
      JOINT Neck
      {
         OFFSET    0.00  18.65    0.00
         CHANNELS 3 Zrotation Xrotation Yrotation
         JOINT Head
         {
            OFFSET    0.00  5.45  0.00
            CHANNELS 3 Zrotation Xrotation Yrotation
            End Site
            {
               OFFSET    0.00  3.87  0.00
            }
         }
      }
      JOINT LeftCollar
      {
```

```
    OFFSET    1.12  16.23    1.87
    CHANNELS 3 Zrotation Xrotation Yrotation
    JOINT LeftUpArm
    {
       OFFSET    5.54  0.00  0.00
       CHANNELS 3 Zrotation Xrotation Yrotation
       JOINT LeftLowArm
       {
          OFFSET    0.00 -11.96    0.00
          CHANNELS 3 Zrotation Xrotation Yrotation
          JOINT LeftHand
          {
             OFFSET    0.00 -9.93  0.00
             CHANNELS 3 Zrotation Xrotation Yrotation
             End Site
             {
                OFFSET    0.00 -7.00  0.00
             }
          }
       }
    }
 }
 JOINT RightCollar
 {
    OFFSET   -1.12  16.23    1.87
    CHANNELS 3 Zrotation Xrotation Yrotation
    JOINT RightUpArm
    {
       OFFSET   -6.07  0.00  0.00
       CHANNELS 3 Zrotation Xrotation Yrotation
       JOINT RightLowArm
       {
          OFFSET    0.00 -11.82    0.00
          CHANNELS 3 Zrotation Xrotation Yrotation
          JOINT RightHand
          {
             OFFSET    0.00 -10.65    0.00
```

```
                    CHANNELS 3 Zrotation Xrotation Yrotation
                    End Site
                    {
                       OFFSET    0.00 -7.00  0.00
                    }
                 }
              }
           }
        }
     }
     JOINT LeftUpLeg
     {
        OFFSET    3.91  0.00  0.00
        CHANNELS 3 Zrotation Xrotation Yrotation
        JOINT LeftLowLeg
        {
           OFFSET    0.00 -18.34    0.00
           CHANNELS 3 Zrotation Xrotation Yrotation
           JOINT LeftFoot
           {
              OFFSET    0.00 -17.37    0.00
              CHANNELS 3 Zrotation Xrotation Yrotation
              End Site
              {
                 OFFSET    0.00 -3.46  0.00
              }
           }
        }
     }
     JOINT RightUpLeg
     {
        OFFSET   -3.91  0.00  0.00
        CHANNELS 3 Zrotation Xrotation Yrotation
        JOINT RightLowLeg
        {
           OFFSET    0.00 -17.63    0.00
```

```
         CHANNELS 3 Zrotation Xrotation Yrotation
         JOINT RightFoot
         {
            OFFSET    0.00 -17.14    0.00
            CHANNELS 3 Zrotation Xrotation Yrotation
            End Site
            {
               OFFSET    0.00 -3.75  0.00
            }
         }
      }
   }
}
```

接下來我們看一下運動資料部分，該部分以 MOTION 關鍵字開始。Frames 表明幀的數量，Frame Time 指定採樣頻率，即每秒幀數（下段程式中每秒顯示畫面為 0.033333，即每秒 30 幀）。接下來的數值序列是按照骨骼結構部分定義的 Channel，標定每幀中的位置和旋轉資訊，每幀連續解析就可以生成連續的動作序列，從而驅動模型運動。在本例中，針對一幀一共有 $6+17\times3=57$ 個數值來定義骨骼的位置和轉換。

程式清單 5-8 BVH 檔案運動部分定義範例

```
MOTION
Frames:  1
Frame Time: 0.033333
 8.03  35.01  88.36  -3.41  14.78  -164.35  13.09  40.30  -24.60  7.88
43.80  0.00  -3.61  -41.45  5.82  10.08  0.00  10.21  97.95  -23.53
-2.14  -101.86  -80.77  -98.91  0.69  0.03  0.00  -14.04  0.00  -10.50
-85.52  -13.72  -102.93  61.91  -61.18  65.18  -1.57  0.69  0.02  15.00
22.78  -5.92  14.93  49.99  6.60  0.00  -1.14  0.00  -16.58  -10.51
-3.11  15.38  52.66  -21.80  0.00  -23.95  0.00
```

綁定骨骼對很多進行動畫建模的讀者來説是一個很辛苦、需要很細緻的工作，這裡引入 mixamo（一個線上免費角色動畫網站）。使用者可以自己上傳自己的靜態人形模型檔案，在網站上綁定人形範本動畫，並可以下載綁定動畫後的模型檔案，節省大量綁定動畫的時間。

首先登入 mixamo 網站，找到上傳選單，上傳 3D 模型，接下來到了綁定骨骼精靈頁面。根據精靈提示分別對下巴、手腕、手肘、膝蓋和下腹部進行定位，根據模型是否軸對稱以及是否包含手指關節進行選擇，如圖 5-39 和圖 5-40 所示。

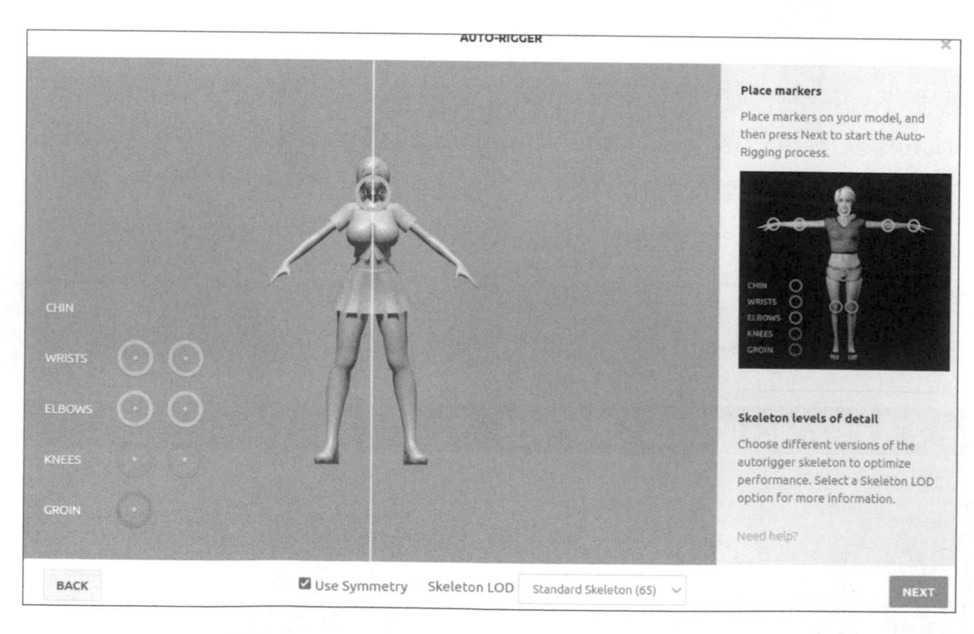

▲ 圖 5-39 mixamo 上傳人物模型骨骼綁定步驟 1

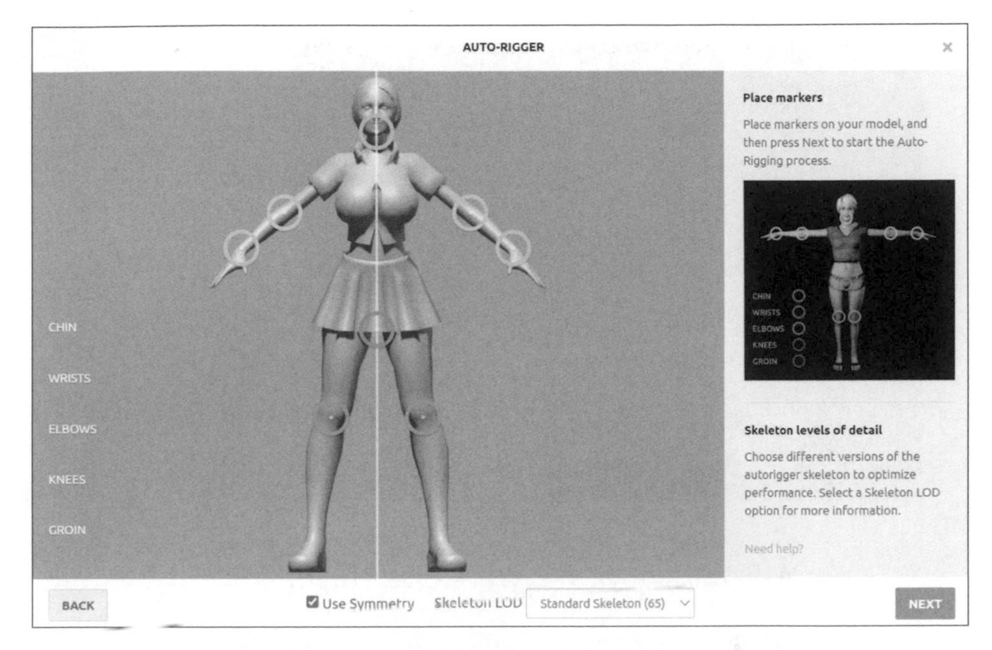

▲ 圖 5-40 mixamo 上傳人物模型骨骼綁定步驟 2

接下來用 Blender 匯入從 maximo 上處理後的 obj 模型，繼續匯入之前透過 OpenPose 生成的 BVH 檔案。

等待過後即可對綁定骨骼後的模型進行下載，如圖 5-41 所示。

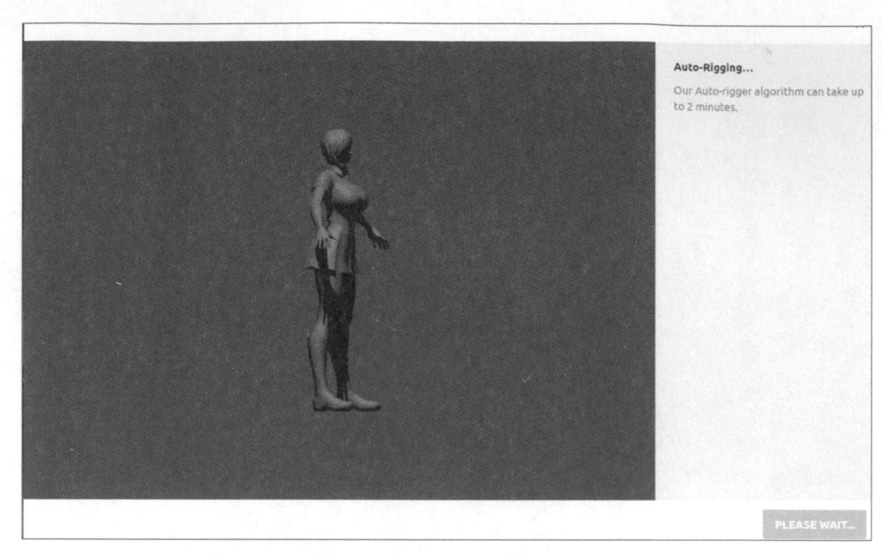

▲ 圖 5-41 mixamo 上傳人物模型骨骼綁定步驟 3

打開 Blender，選擇選單 "File → Import → Motion Capture(.bvh)"，選擇在前面生成的 BVH 檔案，即可發現人物骨骼動畫已經匯入，如圖 5-42 和圖 5-43 所示。

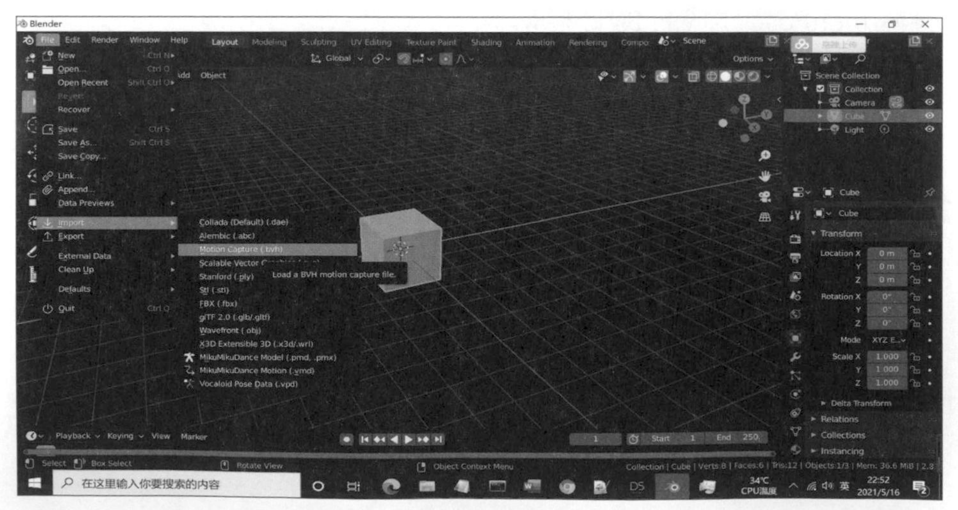

▲ 圖 5-42 在 Blender 中匯入動作檔案

▲ 圖 5-43 BVH 匯入示意圖

透過 BVH 和已經綁定好的 3D 模型驅動人物動作，然後點擊螢幕下方的 "Play Animation" 按鈕即可觀看播放好的動畫，操作到這裡，3D 人物模型就動起來了（見圖 5-44）。

▲ 圖 5-44 BVH 匯入動畫播放

5.3.2 機器學習驅動圖片——面部表情

僅有模型動作並不可以支撐虛擬偶像，生動豐富的面部表情是虛擬偶像的靈魂所在，這裡介紹面部表情驅動的方法。常見的 3D 模型動畫工具大都有提供變形動畫的功能支援面部表情的製作，多數是透過 K 幀來實現的，大多是繁瑣而重複性的工作。估計很多讀者都玩過讓照片動起來的應用，這裡介紹 First Order Motion Model 一階運動模型。

First Order Motion Model 是 snap 的工程師於 2019 年提出的，是一個基於給定的源圖片和驅動影片，生成一段影片，並且將驅動影片裡的動作賦給源影像物件從而實現靜態圖片的動畫。模型驅動圖片運動範例如圖 5-45 所示。

▲ 圖 5-45 模型驅動圖片運動範例

該框架提供了一種結合 Keypoint（關鍵點）和 Affine Transformation（放射變換）的組合，透過對關鍵點的替換和形變來實現運動，並透過對遮擋遮罩（Occulusion mask）的輸出來判定哪些可透過扭曲或 Inpaint 實現。

Affine Transformation 仿射變換是指保持共線性（線上的點變換後仍然線上上）和距離比的變換，Affine Transformation 是在 Linear 變換的基礎上增加了 X、Y 軸向的位移變換，如圖 5-46 所示。

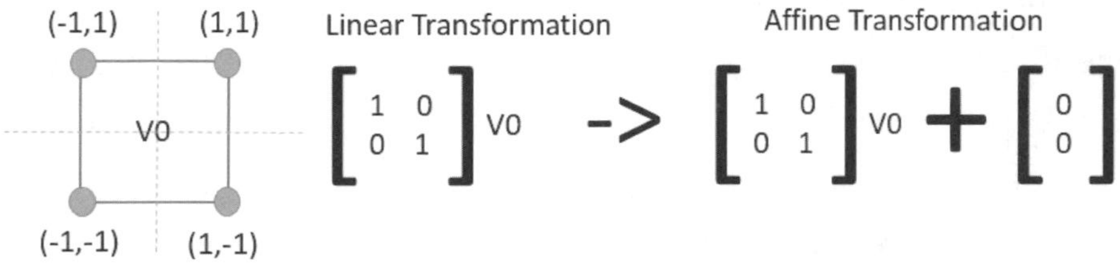

(-1,1) (1,1)
V0
(-1,-1) (1,-1)
Linear Transformation
Affine Transformation

▲ 圖 5-46 Affine Transformation 仿射變換解釋──X 軸、Y 軸向的位移變換

事實上可以透過該變換實現二維空間的任意形變和移動。常見的幾何收縮、擴充、旋轉等都可認為是仿射變換或仿射變換的組合，如圖 5-47 所示。

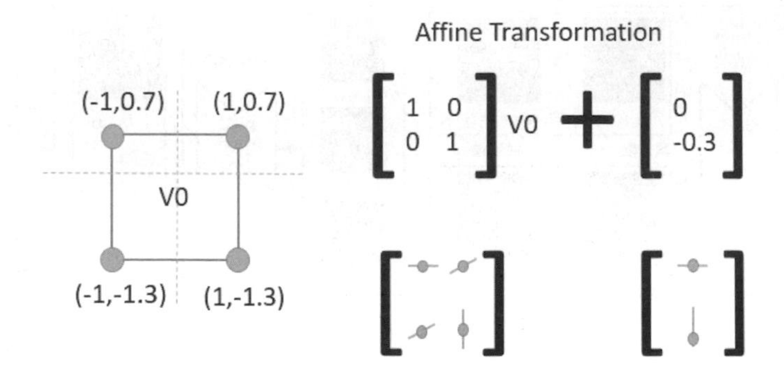

▲ 圖 5-47 Affine Transformation 仿射變換──幾何收縮、擴充、旋轉

這裡介紹一下模型訓練的過程，在 First Order Motion 中引入的模型輸入是源影像（source image）和驅動圖片（Driving Frame）。需要注意的是，這裡的模型訓練其實是一個驅動圖片的重建過程。輸入的圖片來

自同一個影片的不同幀，而不需要傳統的 GAN 等表情遷移方法，需要大量人臉或身體圖片以及需要標注資訊作為輸入，而且泛化性很低。

如圖 5-48 所示，訓練的流程分為兩個模組：一是運動估計（Motion Estimation）模組，另一個是圖片生成模組，運動估計模組透過 Source Image 和 Driving Frame 的輸入獲取到兩個輸出：一個用來表示驅動幀 D 到原影像 S 的映射關係；另一個是遮擋遮罩（Occulusion mask），用來表示最終生成的圖形中哪些可以透過 S 扭曲或 Inpaint 獲取。圖片生成模組的輸入是源圖片（Source Image），透過編碼獲取到特徵層，並且結合模組一中的輸出 T 和 O 進行解碼，從而完成從 Driving Frame 到 Srouce 的整個重建過程。在演算法中使用參考幀同時處理 D 和 S 提高效率，輸出的圖片為 Driving Frame 的動作，但是身體或表情來自 Source Image。

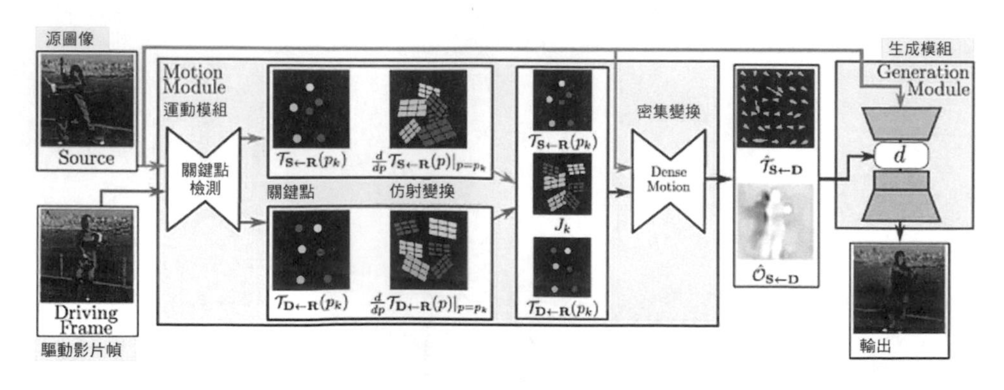

▲ 圖 5-48 演算法驅動示意圖

關於模型的使用，這裡簡單介紹一下。目前模型支援 256×256 解析度的圖片和驅動影片輸入。如果驅動影片較大或人臉區域比例較小，就建議先進行前置處理，裁剪出人臉區域再帶入模型進行推理。

目前對含有眼鏡和帽子等帶一定遮擋的圖片處理的泛化程度沒有那麼高，感興趣的讀者可以自己嘗試一下。

5.4 小結

目前主流的虛擬偶像實現方式包含了商業收費和免費開放原始碼的方案，整體來說商業方式更成熟、成本更高。開放原始碼方案隨著技術的演進不斷成熟，長期來說效果和商業方式趨同。本章主要介紹了主流的商業和開放原始碼機器學習的動作捕捉、面部表情遷移的實現方式。

Chapter

06

基於 2D 的虛擬偶像實現方案

人在觀察運動景物的過程中，光訊號會傳入大腦神經，在光的作用結束後，景物會有一個短暫的停留時間而不會馬上消失，這種現象被稱為「視覺暫留」。把一組表現了運動過程的細小差別變化的影像在相同位置進行快速、連續性的顯示，就會在人眼中形成完全逼真的運動形象。在傳統影視動畫作品的製作過程中，利用軟體逐幀對畫面的表情、動作、效果等進行設計和調整，然後達到控制角色的表情和動作的目的，最終利用電腦繪製出關鍵頁框動畫。

在面部表情捕捉系統與動作捕捉系統的配合使用下，能夠製作出一個面部表情與肢體動作協調一致、生動的三維角色，大大加快了動畫的製作。虛擬偶像 / 主播的出現得益於動作捕捉技術的成熟，能夠即時將演員的動作、表情等映射到虛擬人物上。

本章主要介紹透過 Live 2D 實現的 2D 模型的虛擬偶像 / 主播的技術細節。

› 6.1 動作捕捉技術

動作捕捉（Motion Capture）技術是指捕捉運動物體關鍵部位的動作，記錄並處理動作的技術。在運動物體的關鍵部位設定追蹤器，由動作捕捉系統根據記錄位置即時獲取追蹤器位置，獲取運動物體的資訊後經過電腦處理後得到三維空間座標資料。當電腦辨識到這些資料後，可以將其轉為數位模型的動作，生成二維或三維的電腦動畫。

動作捕捉技術經過多年的發展，目前已經出現了性能穩定的商業化產品，廣泛應用於醫療、影視製作和虛擬實境等領域，涉及運動物件的尺寸測量、物理空間的定位以及方位測定等技術，典型的動作捕捉裝置由以下幾個部分組成：

- **感測器**：固定在運動物體特定部位的追蹤裝置，向動作捕捉系統提供運動物體的位置資訊，一般根據動作捕捉的精細程度來確定追蹤器的數目。
- **訊號捕捉裝置**：負責位置訊號的捕捉，根據動作捕捉系統的類型不同而有所不同，對機械系統來説是捕捉電信號的線路板，對於光學動作捕捉系統則是高解析度紅外攝像機。
- **資料傳輸裝置**：動作捕捉系統，特別是需要即時效果的動作捕捉系統，需要將大量的運動資料從訊號捕捉裝置快速準確地傳輸到電腦系統進行處理，而資料傳輸裝置就是用來完成此項工作的。
- **資料處理裝置**：經過動作捕捉系統捕捉到的資料需要修正、處理後還要有三維模型相結合才能完成電腦動畫製作的工作，這就需要我們應用資料處理軟體或硬體來完成此項工作。軟體也好，硬體也罷，它們都是借助電腦對資料高速的運算能力來完成資料處理的，可以使三維模型真正地、自然地運動起來。

經過多年的發展，相繼出現了多種動作捕捉技術，按類型主要可分為機械式、聲學式、電磁式、光學式及慣性式。這五種動作捕捉系統的實現原理不同，各有其優缺點，因此也被應用於不同的場景。

- 機械式動作捕捉依賴機械裝置來追蹤和測量表演者的運動軌跡。這種方法的優點是成本比較低，同時精度較高，能夠完成即時動作捕捉的要求，並且能容許多個角色同時表演；缺點也比較明顯，使用起來不是很方便，動作受機械結構的阻礙和限制較多。

- 聲學式動作捕捉一般由聲波發送器、聲波接收器和處理單元組成。透過測量聲波從發射器到接收器的時間或相位差，系統可以計算並確定接收器的位置和方向。這種方式的優點是成本較低，但捕捉有較大的延遲和落後，即時性差，精度也不高，而且對於環境要求高。在實際應用中這種捕捉方式幾乎不再使用。

- 電磁式動作捕捉是比較常用的動作捕捉系統之一。透過將接收感測器安置於表演者身體的關鍵位置，然後隨著表演者的動作在電磁場中運動，接收感測器測量磁場的變化訊號，根據這些資料計算出每個感測器的位置和方向，完成運動捕捉。這種方式記錄的資訊維數比較多，而且可以獲得位置和方向。系統的即時性、採用頻率和穩定性都比較高，但是對捕捉環境的磁場要求比較嚴格，金屬物品和其他磁性物質會對捕捉產生干擾，難於在劇烈運動的場合使用。

- 光學動作捕捉是透過對運動目標上特定光點的監視和追蹤來完成動作捕捉的。在動作捕捉場景中的不同方位放置多個光學相機，發出不同角度的紅外線，紅外線經過運動目標關鍵節點的特製標識或發光點產生的反射形成不同的灰度，透過辨識不同的灰度來分辨出多個標識點，從而完成對運動物件的動作捕捉。這種方式無物理結構的限制，標識點可以靈活固定在運動物件的各個部位，可以自由地表演，而且採樣速率高，能夠捕捉高速運動的目標。該系統的光學動作捕捉相機價格相對昂貴，對場景內的光線比較敏感，在後期進行資料修復時需要大量的工作。

- 慣性式動作捕捉是透過慣性導航感測器即時擷取穿戴者的加速度、方位、傾斜角等，透過藍牙等無線傳輸方式將姿態訊號傳送至資料處理系統，然後利用導航演算法解算出穿戴者的運動姿態和位移。方式捕捉採用高度整合感測器晶片，系統體積小、重量輕、C/P 值高，動作捕捉精度和取樣速率都比較高。

面部捕捉屬於動作捕捉的一部分，是指透過機械裝置、相機等裝置記錄人臉面部表情和動作，並將之轉為一系列資料的過程。虛擬主播主要是透過動作和人臉的表情捕捉，並對捕捉的資料參數化後傳遞到虛擬模型上，驅動模型的骨骼和表情，進而實現虛擬主播的即時互動。虛擬主播目前主要應用在人臉表情的互動上，尤其是在 Apple 上透過 AR 功能和深度攝影機實現了表情的即時捕捉，以及深度學習對虛擬主播的發展有著非常重要的作用。

6.1.1 ARKit 框架面部追蹤

Apple 在 2017 年發佈的 iOS 11 系統中新增了 ARKit 框架，透過運用裝置運動追蹤、攝影機場景佈置、高級場景處理等降低了打造 AR 體驗應用的門檻。目前 ARKit 提供了面部追蹤、位置錨定、景深 API、場景集合結構感應、即時擴增實境和人物遮擋等功能。

- **面部追蹤**：追蹤出現在前置攝影機中的面孔，在配備 A12 仿生晶片及更新版本晶片的裝置上可以透過前置攝影機的面部追蹤功能體驗到擴增實境的樂趣。

- **位置錨定**：在特定的地點（例如城市和著名地標）放置擴增實境體驗。位置錨定讓你能夠將擴增實境作品固定到特定的經緯度和海拔高度。使用者可以繞著虛擬物體移動，從不同的角度觀察它們，就像透過相機鏡頭觀察現實物體一樣。
- **景深 API**：雷射雷達掃描器中內建了先進的場景理解功能，此 API 使用關於周圍環境的逐像素的深度資訊。透過將這種深度資訊與有場景幾何結構感應生成的 3D 網格資料結合，便能夠在 App 中放置虛擬物體，並將其無縫融合到現實環境中，讓虛擬物體的遮擋顯得更有真實感。
- **場景幾何結構感應**：為空間創建拓撲圖，並使用標籤來標識地板、牆壁、天花板、窗戶、門和座椅等。這種對現實世界的深度理解能幫助讀者為虛擬物件實現物體遮擋的功能和現實世界的物理特效，提供更多的資訊來支援擴增實境工作流程。
- **即時擴增實境**：雷射雷達掃描器能夠實現超快的平面檢測，無須掃描便可在現實世界中即時放置擴增實境物品。在 iPhone 12 Pro、iPhone 12 Pro Max 和 iPad Pro 上，使用 ARKit 建構的 App 會自動支援即時擴增實境的物品放置功能，無須改動任何程式。
- **人物遮擋**：強現實內容能夠以逼真的方式從現實世界中的人物前後透過，帶來身臨其境的擴增實境體驗，同時幾乎能在任何環境中實現綠屏風格效果。

ARKit 提供的面部追蹤大大降低了面部表情捕捉的複雜度，透過使用 ARKit 框架可以方便地辨識人臉相關特徵。iPhone X 後的深度攝影機開始廣泛搭載於手機端，虛擬主播的 2D 或 3D 虛擬形象的表情透過獲取 iPhone 的人臉追蹤資訊逐幀地更新模型的動作，使模型動起來。ARKit 與面部追蹤的相關類如下：

(1) ARSCNView

ARSCNView 是一種顯示使用 3D SceneKit 內容增強相機的 AR 體驗視圖。它提供了將 3D 虛擬內容和裝置攝像機拍攝的現實世界混合的擴增實境體驗方式的簡單實現。當運行視圖提供 ARSession 物件時：

- 視圖自動將裝置攝影機的即時影片繪製為場景的背景。
- 視圖的 SceneKit 場景的世界座標系直接反映到由 Session 設定創建的 AR 世界座標系中。
- 視圖自動移動其 SceneKit 攝影機來匹配裝置在現實世界的移動。

因為 ARKit 可以自動匹配 SceneKit 空間和現實世界，所以在現實世界中放置一個虛擬物件時，只需要正確地設定該物件的 SceneKit 空間位置即可。

(2) ARFaceTrackingConfiguration

ARFaceTrackingConfiguration 利用 iPhone 的前置深度攝影機來設定追蹤面部動作和表情。由於人臉追蹤僅在帶有前置深度攝影機的 iPhone 裝置上才有，因此在進行 AR 設定前需要確定裝置是否支援人臉追蹤功能：

```
ARFaceTrackingConfiguration.isSupported
```

（3）ARFaceAnchor

設定使用 ARFaceTrackingConfiguration 後，當 ARKit 辨識到人臉時會創建一個包含人臉的位置、方向、拓撲結構和表情特徵等資料的 ARFaceAnchor 物件，Session 會自動增加該物件到 anchor list 中。另外，當開啟了 isLightEstimationEnabled 的設定後，ARKit 會將檢測到的人臉作為燈光探測器以估算出當前環境光的照射方向及亮度資訊，根據真實環境光方向和強度對 3D 模型進行照射以達到逼真的 AR 效果。

如果有多張人臉，那麼 ARKit 會追蹤最具辨識度的人臉。

人臉位置和方向：父類別 ARAnchor 的 transform 屬性以一個 4×4 矩陣描述了當前人臉在世界座標系的位置及方向。該變換矩陣創建了一個「人臉座標系」用以將其他模型放置到人臉的相對位置，其原點在人頭中心（鼻子後方幾公分處），且為右手座標系——x 軸正方向為觀察者的右方（也就是檢測到的人臉的左方），y 軸正方向沿頭部向上，z 軸正方向從人臉向外（指向觀察者），如圖 6-1 所示。

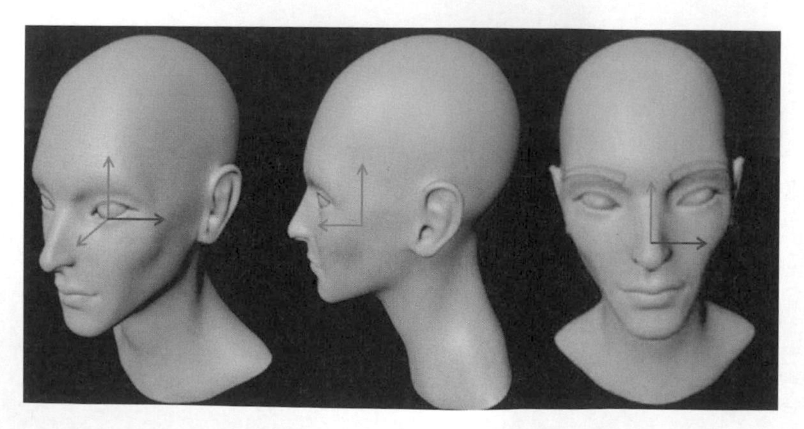

▲ 圖 6-1 人臉座標系中心

- **人臉拓撲結構 ARFaceGeometry**：ARFaceAnchor 的 geometry 屬性封裝了人臉詳細的拓撲結構資訊，可以包括頂點座標、紋理座標以及三角形索引。
- **面部表情追蹤**：blendShapes 屬性提供了當前人臉面部表情的高階模型，透過一系列無表情時的偏移係數來表示面部特徵。具體來說，blendShapes 是一個 NSDictionary，其 key 值有多種具體的面部參數可選。ARBlendShapeLocation 用於表示特定的面部特徵，透過係數來描述這些特徵的相對運動。按照人臉特徵可分為左眼、右眼、嘴巴和下巴、眉毛和鼻子、舌頭等部位，每個部位由多個參數來描述響應的特徵，比如 ARBlendShapeLocationEyeBlinkLeft 代表左眼閉合的程度。每個 key 值對應的 value 是一個 0.0 - 1.0 的浮點數，0.0 代表中立情況下的設定值（無對應表情時），1.0 代表回應動作的大幅（比如眼睛閉合到最大值）。ARKit 中提供了 51 種具體的面部表情參數，我們可以採用一種或多種參數組合來得到我們所需要的表情資訊，比如用「眨眼」、「張嘴」等來驅動虛擬主播。

ARBlendShapeLocation 表示特定的面部特徵，左眼 7 組特徵運動因數如表 6-1 所示，右眼 7 組特徵運動因數如表 6-2 所示。需要對人眼進行控制時可以透過左眼和右眼的表情定位符號來獲取對應的人眼表情資訊來驅動。

表 6-1 左眼特徵參數

表情定位符	描述
ARBlendShapeLocationEyeBlinkLeft	左眼眨眼係數
ARBlendShapeLocationEyeLookDownLeft	左眼注視下方係數

表情定位符	描述
ARBlendShapeLocationEyeLookInLeft	左眼注視鼻尖係數
ARBlendShapeLocationEyeLookOutLeft	左眼向右看係數
ARBlendShapeLocationEyeLookUpLeft	左眼目視上方係數
ARBlendShapeLocationEyeSquintLeft	左眼瞇眼係數
ARBlendShapeLocationEyeWideLeft	左眼睜大係數

表 6-2 右眼特徵參數

表情定位符	描述
ARBlendShapeLocationEyeBlinkRight	右眼眨眼係數
ARBlendShapeLocationEyeLookDownRight	右眼注視下方係數
ARBlendShapeLocationEyeLookInRight	右眼注視鼻尖係數
ARBlendShapeLocationEyeLookOutRight	右眼向左看係數
ARBlendShapeLocationEyeLookUpRight	右眼目視上方係數
ARBlendShapeLocationEyeSquintRight	右眼瞇眼係數
ARBlendShapeLocationEyeWideRight	右眼睜大係數

嘴巴和下巴的 26 組特徵運動因數如表 6-3 所示，主要包括努嘴、撇嘴、抿嘴、張嘴、閉嘴等動作時嘴巴與下巴的運動係數，需要對嘴巴動作進行驅動時，可以透過獲取嘴巴和下巴對應運動因數組合來驅動模型。

表 6-3 嘴巴和下巴特徵參數

表情定位符	描述
ARBlendShapeLocationJawForward	努嘴時下巴向前係數
ARBlendShapeLocationJawLeft	撇嘴時下巴向左係數

表情定位符	描述
ARBlendShapeLocationJawRight	撇嘴時下巴向右係數
ARBlendShapeLocationJawOpen	張嘴時下巴向下係數
ARBlendShapeLocationMouthClose	閉嘴係數
ARBlendShapeLocationMouthFunnel	稍張嘴、雙唇張開係數
ARBlendShapeLocationMouthPucker	抿嘴係數
ARBlendShapeLocationMouthLeft	向左撇嘴係數
ARBlendShapeLocationMouthRight	向右撇嘴係數
ARBlendShapeLocationMouthSmileLeft	左撇嘴笑係數
ARBlendShapeLocationMouthSmileRight	右撇嘴笑係數
ARBlendShapeLocationMouthFrownLeft	左嘴唇下壓係數
ARBlendShapeLocationMouthFrownRight	右嘴唇下壓係數
ARBlendShapeLocationMouthDimpleLeft	左嘴唇向後係數
ARBlendShapeLocationMouthDimpleRight	右嘴唇向後係數
ARBlendShapeLocationMouthStretchLeft	左嘴角向左係數
ARBlendShapeLocationMouthStretchRight	右嘴角向右係數
ARBlendShapeLocationMouthRollLower	下嘴唇卷冊向裡係數
ARBlendShapeLocationMouthRollUpper	下嘴唇卷冊向上係數
ARBlendShapeLocationMouthShrugLower	下嘴唇向下係數
ARBlendShapeLocationMouthShrugUpper	上嘴唇向上係數
ARBlendShapeLocationMouthPressLeft	下嘴唇壓向左係數
ARBlendShapeLocationMouthPressRight	下嘴唇壓向右係數
ARBlendShapeLocationMouthLowerDownLeft	下嘴唇壓向左下係數

表情定位符	描述
ARBlendShapeLocationMouthUpperUpLeft	上嘴唇壓向左上係數
ARBlendShapeLocationMouthUpperUpRight	上嘴唇壓向右上係數

眉毛、臉頰和鼻子的 10 組特徵運動因數如表 6-4 所示，包括 5 個眉毛運動因數、3 個臉頰運動因數及 2 個鼻子運動因數，需要對眉毛、鼻子動作進行驅動時可以獲取對應的運動因數來驅動模型。

表 6-4 眉毛、臉頰和鼻子特徵參數

表情定位符	描述
ARBlendShapeLocationBrowDownLeft	左眉向外係數
ARBlendShapeLocationBrowDownRight	右眉向外係數
ARBlendShapeLocationBrowInnerUp	蹙眉係數
ARBlendShapeLocationBrowOuterUpLeft	左眉向左上係數
ARBlendShapeLocationBrowOuterUpRight	右眉向右上係數
ARBlendShapeLocationCheekPuff	臉頰向外係數
ARBlendShapeLocationCheekSquintLeft	左臉頰向上並迴旋係數
ARBlendShapeLocationCheekSquintRight	右臉頰向上並迴旋係數
ARBlendShapeLocationNoseSneerLeft	左蹙鼻子係數
ARBlendShapeLocationNoseSneerRight	右蹙鼻子係數

只有設定了前置深度攝影機的 iPhone 裝置上才支援面部檢測，因此在使用面部檢測時 ARFaceTrackingConfiguration 判斷裝置是否支援，程式如下：

```
guard ARFaceTrackingConfiguration.isSupported else { return }
```

當面部檢測啟用後，ARKit 會自動增加 ARFaceAnchor 到 ARSession 中，包括位置和方向，透過實現 ARSCNViewDelegate 代理來獲取辨識到的資訊。ARSCNViewDelegate 協定定義如下：

程式清單 6-1 ARSCNViewDelegate 協定

```
@available(iOS 11.0, *)
public protocol ARSCNViewDelegate : ARSessionObserver,
SCNSceneRendererDelegate {

   /**
   為給定的錨點提供一個自訂節點
    */
   optional func renderer(_ renderer: SCNSceneRenderer, nodeFor anchor:
ARAnchor) -> SCNNode?
   /**
    當一個新節點被映射到給定的錨點時呼叫
    */
   optional func renderer(_ renderer: SCNSceneRenderer, didAdd node:
SCNNode, for anchor: ARAnchor)

   /**
     當節點將使用來自給定錨點的資料更新時呼叫
    */
   optional func renderer(_ renderer: SCNSceneRenderer, willUpdate
node: SCNNode, for anchor: ARAnchor)

   /**
    當節點已使用來自給定錨點的資料更新時呼叫
    */
   optional func renderer(_ renderer: SCNSceneRenderer, didUpdate node:
SCNNode, for anchor: ARAnchor)

   /**
   當映射節點從給定的錨點場景圖中移除時呼叫
```

```
   */
   optional func renderer(_ renderer: SCNSceneRenderer, didRemove node:
SCNNode, for anchor: ARAnchor)
}
```

當需要獲取追蹤的人臉運動因數時，可以根據 ARSCNViewDelegate 代理返回的不同狀態來進行處理，比如辨識到人臉時進行人臉追蹤，然後獲取運動因數，程式實現如下：

程式清單 6-2 獲取運動因數

```
func renderer(_ renderer: SCNSceneRenderer, didUpdate node: SCNNode,
for anchor: ARAnchor) {
   guard let faceAnchor = anchor as? ARFaceAnchor else {
      return
   }

   // left eye
   let blink_left = faceAnchor.blendShapes[.eyeBlinkLeft]?.floatValue
   let lookDown_left = faceAnchor.blendShapes[.eyeLookDownLeft]?.
floatValue
   let lookUp_left = faceAnchor.blendShapes[.eyeLookUpLeft]?.floatValue
   let lookIn_left = faceAnchor.blendShapes[.eyeLookInLeft]?.floatValue
   let lookOut_left = faceAnchor.blendShapes[.eyeLookOutLeft]?.floatValue

   //right eye
   let blink_right = faceAnchor.blendShapes[.eyeBlinkRight]?.floatValue
   let lookDown_right = faceAnchor.blendShapes[.eyeLookDownRight]?.
floatValue
   let lookUp_right = faceAnchor.blendShapes[.eyeLookUpRight]?.floatValue
   let lookIn_right = faceAnchor.blendShapes[.eyeLookInRight]?.floatValue
   let lookOut_right = faceAnchor.blendShapes[.eyeLookOutRight]?.floatValue
}
```

6.1.2 人臉面部辨識

人臉關鍵點檢測是指給定人臉影像，定位出人臉關鍵點座標位置，關鍵點包括人臉輪廓、眼睛、眉毛、鼻子、嘴巴等。人臉關鍵點是人臉各個部位的重要特徵點，是人臉辨識、表情分析等人臉相關分析的基礎。隨著技術的發展和對精度要求的提高，人臉關鍵點的數量從最初的 5 個點到如今的 200 多個點。目前在人臉表情辨識中比較常用的有 68（見圖 6-2）和 106 個關鍵點。

深度學習在 2013 年第一次被應用到人臉關鍵點檢測上，Sun 等人透過精心設計擁有三個層次的串聯卷積網路 DCN（Deep Convolutional Network），借助於深度學習強大的特徵提取能力獲得了更為精準的關鍵點檢測。之後 Face++ 在其基礎上實現了 68 個人臉關鍵點的高精度定位，包括 51 個內部關鍵點和 17 個輪廓關鍵點。

2014 年 MMLab 發佈了 TCDCN（Task-Constrained Deep Convolutional Network）演算法，使用多工學習提升人臉關鍵點檢測的準確度。2019 年天津大學、武漢大學、騰訊 AI 實驗室等聯合提出 PFAD（Practical Facial Landmark Detector），在訓練階段透過 Auxiliary Net 對人臉的旋轉角度進行估計，從而計算該樣本的 loss 權重，最終達到緩解極端角度問題的效果。該模型大小僅為 2.1MB，手機端能達到 140fps，適合實際應用。

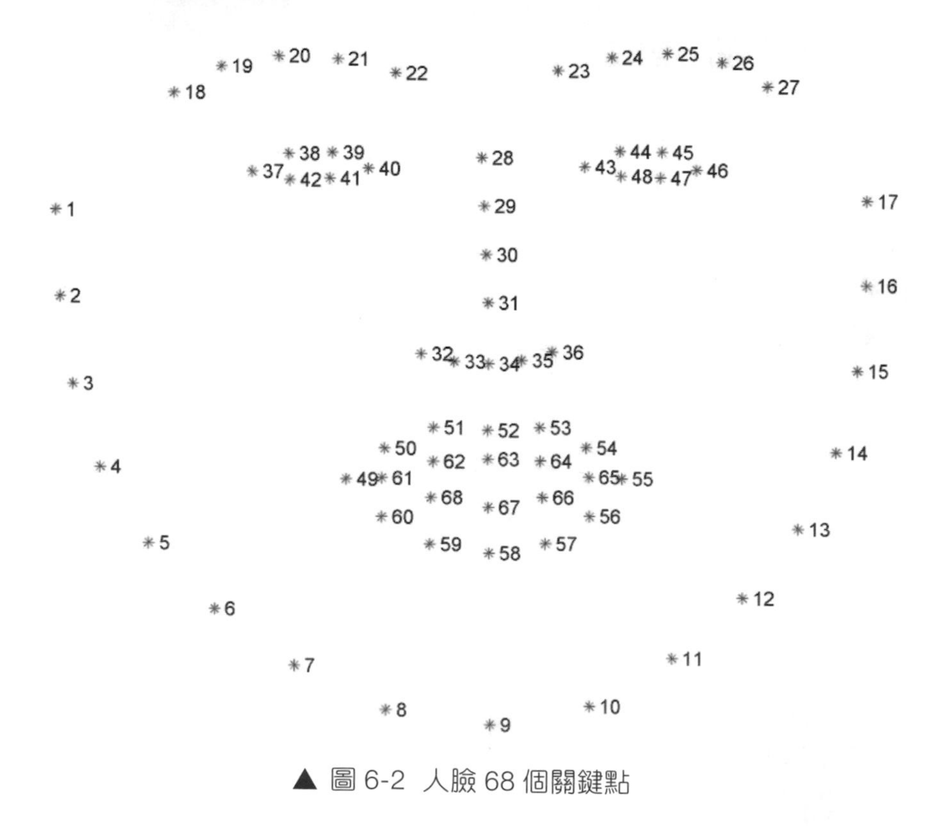

▲ 圖 6-2 人臉 68 個關鍵點

透過深度學習技術的不斷發展，人臉關鍵點檢測演算法性能不斷得到提升，使得人臉追蹤無須專業裝置即可使用。

6.2 Live2D 模型連線

當需要使用 Live2D Cubism Editor 製作模型時，需要 Live2D 提供必要的開發支援以及對 Live2D 的模型具有基本的了解。本節主要介紹 Cubism Editor 匯出的模型結構以及 Cubism SDK 連線。

6.2.1 Live2D Cubism SDK

Live2D Cubism SDK 是提供給軟體開發者使用 Live2D Cubism Editor 製作的模型所需要的軟體開發介面，支援的裝置如圖 6-3 所示。Cubism SDK 提供了針對多種平台開發的版本，包括面向 Unity、面向 Native、面向 Web 等。

- Cubism SDK for Unity：使用 Unity 標準元件開發，可以在開發流程中自然嵌入。
- Cubism SDK for Native：使用 C++ 實現，對各種架構的遷移性比較強，開發者可以透過替換 SDK 的部分程式實現官方不支援的平台。
- Cubism SDK for Web：在 WebGL 上安裝的 SDK，支援主要的 Web 瀏覽器，能夠在廣泛的環境中工作。

▲ 圖 6-3 Live2D Cubism SDK 支持裝置

本文的 Live2D 模型主要是面對 Native 端來實現的，因此從官網下載 Live2D Cubism SDK for Native，架構如圖 6-4 所示。

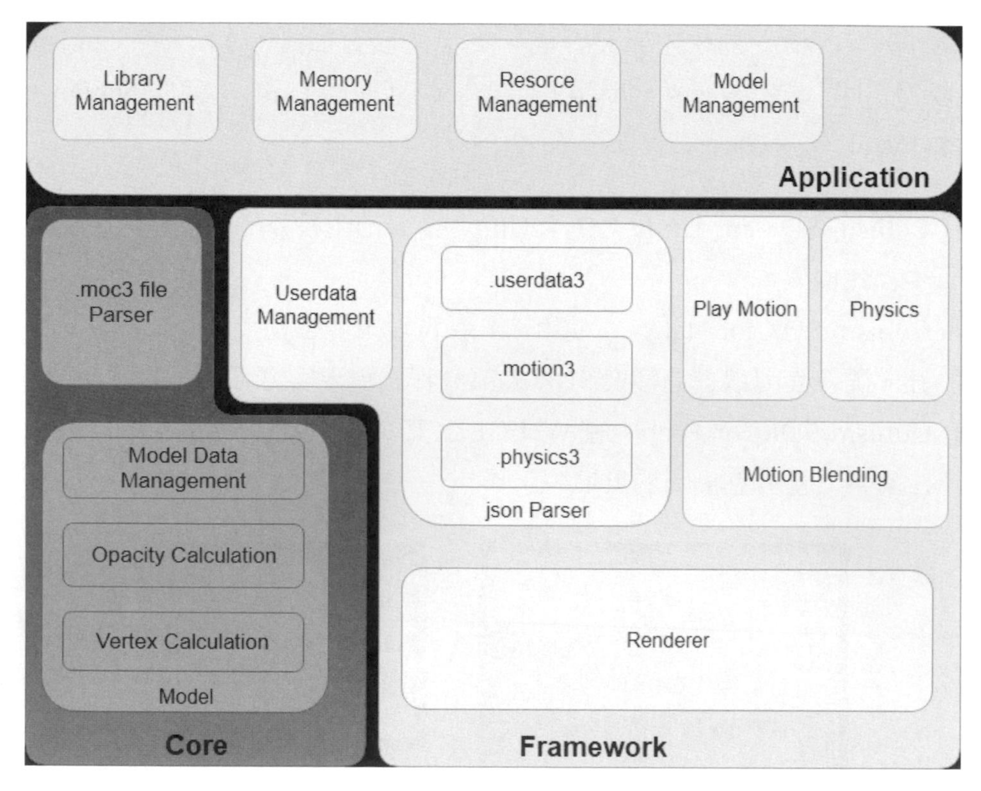

▲ 圖 6-4 Live2D Cubism SDK 架構圖（來源：https://docs.live2d.com/）

Live2D Cubism SDK 架構的組成有 Core、Framework、Samples 等。Cubism SDK 對每個平台都有不同的發行版本，每個 SDK 的結構如下：

```
Live2D_SDK_[Platform name]_[Version]
    ├── Core
    │     ├── dll
    │     ├── include
    │     └── lib
    ├── Framework
    ├── README.md
    └── Samples
          ├── Cocos2d-x
          ├── D3D9
          ├── D3D11
    ├── OpenGL
    └── Resources
```

- Core 資料夾是一個核心函數庫，允許在應用程式中載入 Cubism 模型，包含開發應用程式的標頭檔和特定平台的庫檔案。其中，dll 檔案是共用庫動態檔案；include 是庫的標頭檔；lib 是庫的靜態檔案，如 .lib 或 .a 檔案。
- Framework 檔案是 Live2D 的開放原始碼框架原始程式。為了更高效率地開發，推薦直接使用 Lib 編譯好的庫檔案。
- ReadMe.txt 檔案包含版本歷史和許可證資訊的描述，也可以撰寫專有規範。
- Samples 資料夾包含範例程式和各個開發環境對應的專案，選擇了開發環境後可以立即建構並執行。它包含顯示 Live2D 及框架實現的基本功能。

6.2.2 Live2D 模型檔案

在製作完成 Live2D 模型檔案後，匯出的模型資料集中包括 moc3、model3.json 等檔案。其中，moc3 檔案是模型檔案，model3.json 是模型的設定檔，設定資訊中包括在程式中使用的 Live2D 模型資料（.moc3）、紋理資料（.png）、物理操作設定資料（.physics3.json）等資訊。model3.json 的內容結構如下所示：

```
{
  "$schema": "http://json-schema.org/schema#",
  "title": "Cubism model.3json檔案顯示名",
  "type": "object",
  "properties": {
   "Version": {
     "description": "Json檔案版本",
     "type": "number"
   },
   "FileReferences":  {
     "description": "model3.json檔案中其他檔案的相對路徑",
     "type": "object",
     "properties": {
      "Moc": {
        "description": "moc3檔案相對路徑",
        "type": "string"
      },
      "Textures": {
        "description": "貼圖相對路徑",
        "type": "array",
        "items": {
         "type": "string"
        }
      },
      "Physics": {
```

```
      "description": "[可選]physics3.json檔案相對路徑",
      "type": "string"
    },
    "UserData": {
      "description": "[可選]userdata3.json檔案相對路徑",
      "type": "string"
    },
    "Pose": {
      "description": "[可選]pose3.json檔案相對路徑",
      "type": "string"
    },
    "DisplayInfo": {
      "description": "[可選]cdi3.json檔案相對路徑",
      "type": "string"
    },
    "Expressions": {
      "description": "[可選]exp3.json檔案相對路徑",
      "type": "array",
      "items":{
       "type":"object",
       "properties":
       {
         "Name":{"type":"string"},
         "File":{"type":"string"}
       },
       "required": ["Name", "File"],
       "additionalProperties": false
      }
    },
    "Motions": {
      "description": "[可選]motion3.json檔案相對路徑",
      "type": "object",
      "patternProperties":
      {
       ".+":
       {
```

```
          "type": "array",
          "items":{
           "$ref": "#/definitions/motion"
          }
        }
      },
      "additionalProperties": false
    }
   },
   "required": ["Moc", "Textures"],
   "additionalProperties": false
  },
  "Groups": {
   "description": "[可選] 參數組",
   "type": "array",
   "items": {
    "$ref": "#/definitions/group"
   }
  },
  "HitAreas": {
   "description": "[可選]碰撞辨識",
   "type": "array",
   "items": {
    "$ref": "#/definitions/hitareas"
   }
  }
 },
 "required": ["Version", "FileReferences"],
 "additionalProperties": false
}
```

從 model3.json 結構中我們可以看出必要欄位是 Version 和 FileReferences，Groups、HitAreas、Layout 等都是可選的。model3.json 的屬性如表 6-5 所示。

表 6-5 model3.json 屬性

屬性	描述
Version	版本
FileReferences	檔案引用
Groups	參數組
HitAreas	事件觸發區域
Layout	版面配置

下面對其中的幾個主要屬性介紹。

（1）FileReferences

FileReferences 屬性設定了模型所需要的檔案引用，包括模型檔案、貼圖檔案、物理效果檔案、姿勢檔案的相對路徑，以及表情設定、動作事件等，如表 6-6 所示。

表 6-6 FileReferences 屬性描述

屬性	描述
Moc	Moc 模型檔案相對路徑
Textures	貼圖檔案相對路徑
Expressions	表情設定
Physics	物理效果檔案相對路徑
Pose	姿勢檔案相對路徑
Motions	動作事件

(2) Groups

Groups 是參數組，目標標識主要是參數相關的資訊，如表 6-7 所示。

表 6-7 參數組目標識別字

Target	描述	備註
Parameter	參數	用於一些特殊功能
PartOpacity	部件透明度	用於給使用者控制某些部件透明度
ParameterValue	參數值	用於給使用者控制某些參數值
ArtmeshOpacity	網格透明度	用於給使用者控制某些網格透明度

Groups 的結構描述以下段程式所示，從中可以看出 Group 所必需的欄位是 Target、Name、Ids 等。

```
"group": {
 "description": "Group入口",
 "type": "object",
 "properties": {
  "Target": {
    "description": "Group目標"
  },
  "Name": {
    "description": "Group唯一識別碼",
    "type": "string"
  },
  "Ids": {
    "description": "映射到目標的IDs",
    "type": "array",
    "items": {
     "type": "string"
    }
  }
```

```
  },
  "required": ["Target", "Name", "Ids"],
  "additionalProperties": false
}
```

Groups 的屬性描述如表 6-8 所示。

表 6-8 Groups 屬性描述

屬性	描述	備註	目標
Target	當 Target 為 Parameter 時只允許以下預先定義值： • EyeBlink：眨眼 • LipSync：嘴型同步 • LookAt：位置追蹤 • Accelerometer：加速器（硬體） • Microphone：麥克風（硬體） • Transform：變換 當 Target 為其他值時相當於 ID	必需	Parameter PartOpacity ParameterValue ArtmeshOpacity
Name	顯示名稱	向使用者顯示的目標名稱，若不寫則顯示 Name 值	Parameter PartOpacity ParameterValue ArtmeshOpacity
Ids	部件或參數 ID		Parameter PartOpacity ParameterValue ArtmeshOpacity
Axes	參數軸	對應 ID 組內每個 ID 的軸，可選值為 X、Y、Z	Parameter

屬性	描述	備註	目標
Factors	參數放大因數	對應 ID 組內每個 ID 的放大因數，若不填寫則預設為該參數（最大值 - 最小值）/ 2	Parameter
Value	參數值		PartOpacity ParameterValue ArtmeshOpacity
Values	關鍵參數值	存在關鍵參數值時，使用者介面將顯示為左右箭頭選擇，否則顯示滑動條	ParameterValue
Keys	關鍵參數值顯示名	與 Values 一一對應	ParameterValue
Hidden	隱藏	不向使用者顯示此目標	PartOpacity ParameterValue ArtmeshOpacity

（3）HitAreas

HitAreas 的結構描述如下所示，必要欄位主要包括 Name、Id 兩個。此屬性是用來設定模型命中區域的，在點擊該區域時會觸發模型對輸入做出反應。

```
"hitareas": {
  "description": "碰撞檢測",
  "type": "object",
  "properties": {
   "Name": {
```

```
      "description": "groups的唯一表示",
      "type": "string"
    },
    "Id": {
      "description": "映射到目標的ID",
      "type": "string"
    }
  },
  "required": ["Name", "Id"],
  "additionalProperties": false
},
```

HitAreas 的屬性定義如表 6-9 所示。

表 6-9 HitAreas 屬性描述

參數	描述	備註
Name	區域名稱	必需
Id	區域 ID	必需
Order	排列順序	可選，數值越大觸發優先順序越高，預設為 0
Motion	動作組名	可選

一個 Live2D Cubism 製作的模型匯出後的 model3.json 資訊如下，包括檔案引用、參數組和命中區域等資訊。在 SDK 的開發中，不同的設定檔提供了對應的類別來進行解析處理。

```
{
  "Version": 3,
  "FileReferences": {
   "Moc": "xxx.moc3",
   "Textures": [
```

```
      "xxx.2048/texture_00.png",
      "xxx.2048/texture_01.png"
    ],
    "Physics": "xxx.physics3.json",
    "Pose": "xxx.pose3.json",
    "UserData": "xxx.userdata3.json",
    "Motions": {
      "Idle": [
        {
          "File": "motions/xxx_m01.motion3.json",
          "FadeInTime": 0.5,
          "FadeOutTime": 0.5
        }
      ],
      "TapBody": [
        {
          "File": "motions/xxx_m04.motion3.json",
          "FadeInTime": 0.5,
          "FadeOutTime": 0.5
        }
      ]
    }
  },
  "Groups": [
    {
      "Target": "Parameter",
      "Name": "LipSync",
      "Ids": [
        "ParamMouthOpenY"
      ]
    },
    {
      "Target": "Parameter",
      "Name": "EyeBlink",
      "Ids": [
        "ParamEyeLOpen",
```

```
        "ParamEyeROpen"
      ]
    }
  ],
  "HitAreas": [
    {
      "Id": "HitArea",
      "Name": "Body"
    }
  ]
}
```

6.2.3 CubismFramework

在使用 CubismFramework 創建處理模型的專案時，處理流程包括 CubismFramework 初始化、獲取模型檔案路徑、載入模型、更新過程、捨棄模型、CubismFramework 終止處理。

1. CubismFramework 初始化

CubismFramework 的初始化過程如程式清單 6-3 所示，首先定義日誌選項和記憶體分配器變數；然後使用 CubismFramework::StartUp() 函數設定記憶體分配器和日誌選項，第一個參數是 LAppAllocator 類別的實例，用來分配記憶體，第二個參數是日誌選項。若未設定記憶體分配器，則後面執行 CubismFramework::Initialize() 時不生效。

程式清單 6-3 CubismFramework 初始化

```
//設定日誌等選項
CubismFramework::Option _cubismOption;
```

```
//分配器
LAppAllocator _cubismAllocator;

//消息輸出功能
static void PrintMessage(const Csm::csmChar* message);

//設定日誌輸出等級。如果是LogLevel_Verbose，則輸出詳細日誌
_cubismOption.LoggingLevel = CubismFramework::Option:: LogLevel_
Verbose;
_cubismOption.LogFunction = PrintMessage;

//設定初始化CubismNativeFramework所必需的Parameter(s)
CubismFramework::StartUp(&_cubismAllocator, &_cubismOption);

//初始化CubismFramework。
CubismFramework::Initialize();
```

在應用程式開始使用 CubismFramework 功能前需要呼叫 CubismFramework::Initialize() 進行初始化。此函數僅會被呼叫一次，連續呼叫時會被忽略。若未呼叫此函數，則在使用 CubismFramework 功能時會顯示出錯。在呼叫 CubismFramework::Dispos() 函數終止 CubismFramework 之後便可透過呼叫 initialize 函數再次對其進行初始化。

2. 獲取模型檔案路徑

透過 Live2D 創建模型的資料集中包含多個檔案，model3.json 檔案包含了模型相關資訊的設定。在獲取模型檔案路徑時可以直接透過指定 .moc 模型檔案或紋理來載入，一般建議透過 model3.json 檔案資訊獲取模型檔案路徑。CubismFramework 提供了讀取檔案記憶體的函數，如程式

清單 6-4 所示。model3.json 檔案可以透過 CubismFramework 提供的 CubismModelSettingJson 類別來解析，然後獲取模型檔案路徑，如程式清單 6-5 所示。

程式清單 6-4 model 記憶體管理

```
csmByte* CreateBuffer(const csmChar* path, csmSizeInt* size)
{
   if (DebugLogEnable)
   {
      LAppPal::PrintLog("[APP]create buffer: %s ", path);
   }
   return LAppPal::LoadFileAsBytes(path, size);
}

void DeleteBuffer(csmByte* buffer, const csmChar* path = "")
{
   if (DebugLogEnable)
   {
      LAppPal::PrintLog("[APP]delete buffer: %s", path);
   }
   LAppPal::ReleaseBytes(buffer);
}
```

程式清單 6-5 透過 model3.json 獲取模型檔案

```
//載入model3.json
csmSizeInt size;
const csmString modelSettingJsonPath = _modelHomeDir +
modelSettingJsonName;
csmByte* buffer = CreateBuffer(modelSettingJsonPath, &size);
ICubismModelSetting* setting = new CubismModelSettingJson(buffer,
size);
DeleteBuffer(buffer, modelSettingJsonPath.GetRawString());
```

```
// 獲取model3.json中描述的模型路徑
csmString moc3Path = _modelSetting->GetModelFileName();
moc3Path = _modelHomeDir + moc3Path;
```

3. 載入模型

CubismModel 提供了模型的基本操作，包括 Canvas、Part、Parameter、Drawable 等，可以從 CubismNativeFramework 中的 CubismUserModel::_model 獲取到，在應用程式中通常繼承 CubismUserModel 類別來操作。此外，還可以在外部執行紋理、動作和面部表情的資源管理。這裡使用繼承自 CubismUserModel 的 CubismUserModelExtend 類別作為範例進行講解。Live2D 的模型載入如程式清單 6-6 所示。LoadModel 方法實現可以參看 SDK 開原始程式碼。

程式清單 6-6 模型載入

```
// 創建模型的實例
CubismUserModelExtend* userModel = new CubismUserModelExtend();

// 讀取moc3檔案
buffer = CreateBuffer(moc3Path.GetRawString(), &size);
userModel->LoadModel(mocBuffer, mocSize);
DeleteBuffer(buffer, moc3Path.GetRawString());
```

透過 model3.json 檔案獲取需要載入的 .moc3 模型路徑同樣也可以獲取設定 expression、Physics 及 Motions 等檔案路徑。這些可以在載入模型的同時操作。

4. 更新過程

Live2D 的模型更新過程是透過 CubismModel 的 update() 介面來完成的。當 CubismModel::Update() 函數被呼叫時，Cubism Core 會執行更新過程並更新 Parameter(s) 和 Part(s) 的頂點資訊，如程式清單 6-7 所示。

程式清單 6-7 模型更新

```
void CubismUserModelExtend::Update()
{
   //Parameter(s)操作
      _model->SetParameterValue(CubismFramework::GetIdManager()->
GetId("ParamAngleX"), value);

   //Part(s)不透明操作
   _model->SetPartOpacity(CubismFramework::GetIdManager()->
GetId("PartArmL"), opacity);

   //更新模型頂點資訊
   _model->Update();
}
```

在更新的過程中，遵循執行順序、動態播放等，在 CubismModel::Update() 之後便更新了 Parameter(s) 的值，但不會實現參數的更新，需要再次呼叫 CubismModel::Update() 方法才能使模型重新設定頂點資訊，如程式清單 6-8 所示。

程式清單 6-8 模型更新順序

```
//反映在頂點上
_model->SetParameterValue(CubismFramework::GetIdManager()-
>GetId("ParamAngleX"), value);
```

```
//更新模型頂點資訊
_model->Update();

//不反映在頂點上
_model->SetParameterValue(CubismFramework::GetIdManager()-
>GetId("ParamAngleX"), value);
```

在播放動作時使用 MotionManager :: UpdateMotion() 函數，參數是用於播放的動作 ID。Parameter(s) 可以更新其中的任何值，在此之前即使使用 MotionManager :: UpdateMotion () 更新了動作也會被參數覆蓋，建議先執行動作的重播操作再執行參數的更新，如程式清單 6-9 所示。

程式清單 6-9 更新模型動作

```
//將播放動作反映到模型
_motionManager->UpdateMotion(_model, deltaTimeSeconds);

// 值處理，例如眼球運動追蹤Physics處理
  ...
// 更新模型頂點資訊
_model->Update();
```

另外，在動作執行時所有的 Parameter(s) 不被使用。舉例來說，在運動播放停止後不保留之前一幀的參數結果，就可能會出現異常。在模型動作執行前呼叫 CubismModel :: LoadParameter() 方法、在動作執行後呼叫 CubismModel :: SaveParameter() 方法可以重置動作值的操作。

程式清單 6-10 Live2D 初始化

```
//全部Parameter(s)恢復值
_model->LoadParameters();

//將播放動作反映到模型
```

```
_motionManager->UpdateMotion(_model, deltaTimeSeconds);

//全部Parameter(s)保存
_model->SaveParameters();

//相對值操作處理
...
//更新模型頂點資訊
_model->Update();
```

5. 銷毀模型

在應用程式不需要 Live2D 時需要銷毀模型，需要銷毀衍生類別 CubismUserModelExtend 的實例，如程式清單 6-11 所示，並且動作、面部表情、Physics 等資訊也會在解構函數中捨棄。

程式清單 6-11 銷毀模型

```
//銷毀模型資料
delete   userModel  ;
```

6. CubismFramework 終止處理

最後呼叫 CubismFramework::Dispose() 函數來釋放 Live2D 所佔用的資源，如程式清單 6-12 所示。注意，在呼叫 CubismFramework ::Dispose() 之前需要先銷毀所有模型。

程式清單 6-12 結束

```
//銷毀CubismFramework
Cubism Framework::Dispose();
```

6.3 Cubism SDK+ARKit 實現

Live2D 模型的展示需要透過官方提供的 Cubism SDK 來實現，目前提供了 Unity、Native、Web 等平台的 SDK，部分平台（如 FaceRig 等）還提供了 SDK 的整合，可以直接載入模型。如果使用者要自己實現一個 Live2D 模型的展示，最簡單的方式是使用 ARKit 人臉追蹤和 CubismSDK。本節基於 iOS 平台對此種方案的實現介紹。

6.3.1 Cubism SDK 整合

透過 XCode 創建一個 iOS 端專案，並設定專案名稱、BundleID、開發語言等資訊，如圖 6-5 所示。專案創建成功後匯入 SDK，CubismSDK 的結構比較複雜，既有 Core 裡的靜態程式庫也有 Framework 中的開放原始碼部分，程式中也有多平台的支援。

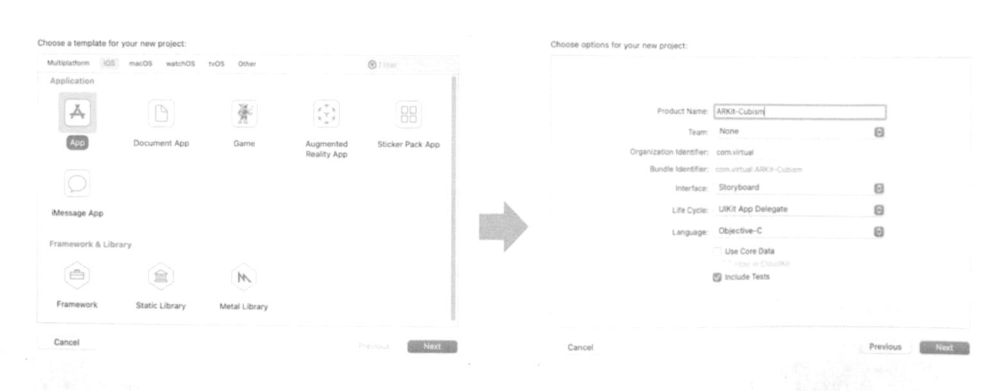

▲ 圖 6-5 iOS 專案創建

在專案中創建 CubismSDK 的 Group（用來分組），然後把 Core 和 Framework 匯入專案中。由於 iOS 裝置上的 SDK 繪製方式只有

OpenGL，因此不需要 Framework 的 Rendering 中的其他方式，在專案中只保留 OpenGL 方式。在專案中匯入 OpenGL 相關庫，如圖 6-6 所示。

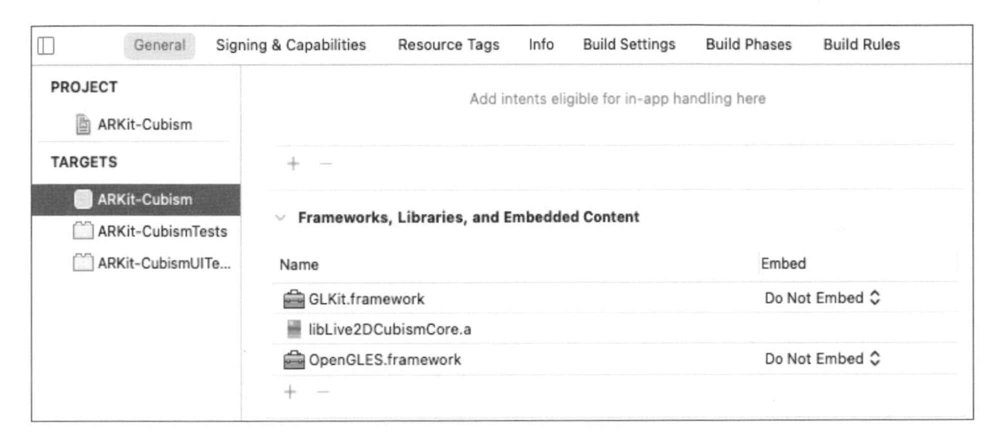

▲ 圖 6-6 cubism SDK 依賴增加

在匯入 cubism SDK 相關檔案後，需要在 Build Setting 中增加相關設定，具體如下：

（1）在 Build Settings → Search Paths 中增加標頭檔搜索路徑，如圖 6-7 所示。

```
$(PROJECT_DIR)/ARKit-Cubism/Cubism/Core/include
$(PROJECT_DIR)/ARKit-Cubism/Cubism/Framework/src
```

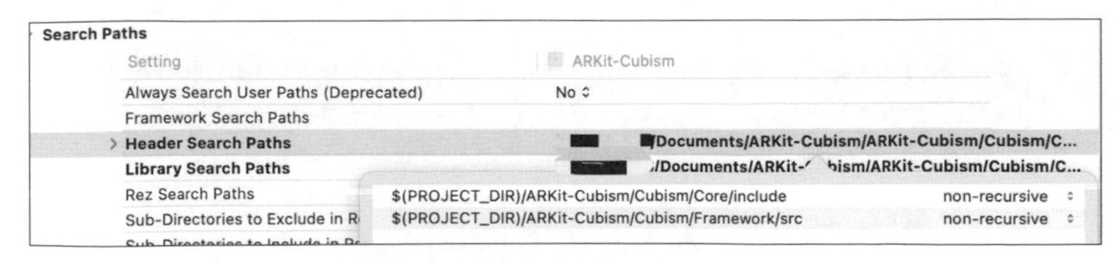

▲ 圖 6-7 Header Search Paths

（2）在 Build Settings → Search Paths 中增加靜態程式庫搜索路徑，如圖 6-8 所示。

```
$(PROJECT_DIR)/ARKit-Cubism/Cubism/Core/lib/ios/Release-iphoneos
```

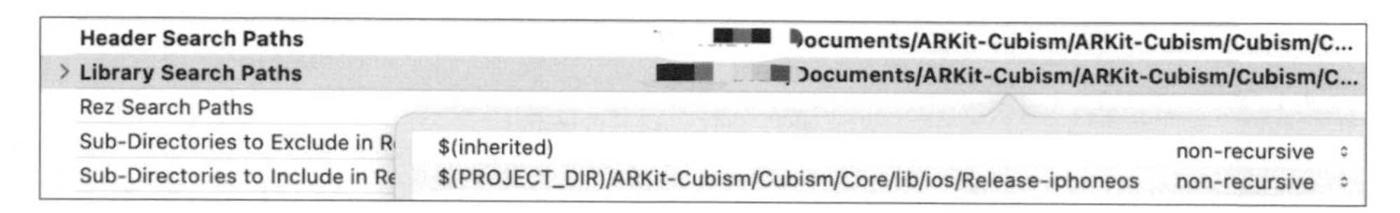

▲ 圖 6-8 Library Search Paths

（3）在 Build Setting → Other Linker Flags 中增加靜態程式庫的連接參數 lLive2DCubismCore，如圖 6-9 所示。

Other Linker Flags -lLive2DCubismCore
Path to Link Map File
Perform Single-Object Prelink -lLive2DCubismCore
Prelink libraries

▲ 圖 6-9 Linker Flags

（4）在 Build Setting → Other C Flags 中增加巨集定義 -DCSM_TARGET_ IPHONE_ES2 來標識平台，如圖 6-10 所示。

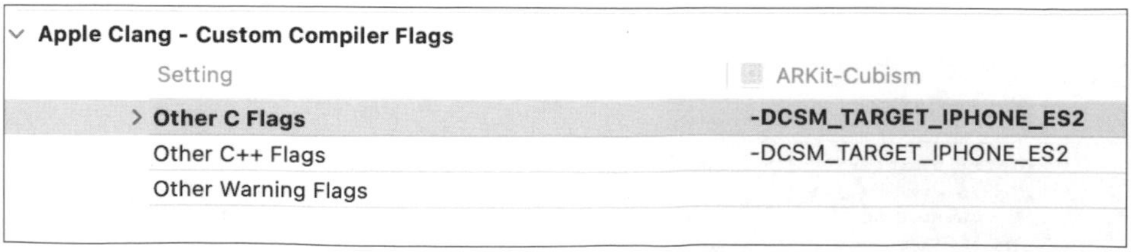

Apple Clang - Custom Compiler Flags
Setting ARKit-Cubism
Other C Flags -DCSM_TARGET_IPHONE_ES2
Other C++ Flags -DCSM_TARGET_IPHONE_ES2
Other Warning Flags

▲ 圖 6-10 C Flags

按照以上步驟匯入 Cubism SDK 檔案及增加設定後 SDK 整合完成，編譯透過。

6.3.2 ARKit 人臉追蹤增加

在專案中增加 ARKit 功能時首先需要匯入 ARKit.framwork 庫，然後在使用的檔案中匯入 ARKit.h 標頭檔。由於 ARKit 功能需要裝置攝像機的許可權，因此需要在 info.plist 的設定項目中增加 NSCameraUsage Description 相機許可權設定。ARSCNView 提供了 ARKit 的標準顯然框架，所以先定義 ARSCNView 變數並進行初始化，如程式清單 6-13 所示。ARSCNView 會自動創建 ARSession 來管理 AR 應用的生命週期。

程式清單 6-13 ARSCNView 定義及初始化

```
class ViewController: UIViewController {
   var sceneView:ARSCNView時

   override func viewDidLoad() {
      super.viewDidLoad()

      sceneViewInit()
   }

   private func sceneViewInit(){
      sceneView = ARSCNView(frame: self.view.frame)
      sceneView時.delegate = self
      sceneView時.session.delegate = self
      self.view.addSubview(sceneView!)
   }
   ...
}
```

ARKit 提供了現實世界場景追蹤、影像追蹤、面部追蹤等多種功能，不同的功能有不同的設定要求。ARConfiguration 的設定提供了運行的功能及所需要的硬體資源，因此 ARSession 執行時期根據設定檔來決定 AR 應用的類型。運行 ARSession 設定的方法如程式清單 6-14 所示。

程式清單 6-14 ARSCNView 定義及初始化

```
- (void)runWithConfiguration:(ARConfiguration *)configuration
                options:(ARSessionRunOptions)options
```

該方法有兩個參數：第一個參數用於指定運行的設定檔，第二個參數用於指定 ARSession 啟動時需要執行的操作。該選項由 ARSessionRunOptions 列舉定義，各項含義如表 6-10 所示。

表 6-10 ARSessionRunOptions 列舉含義

名稱	描述
ARSessionRunOptionResetTracking	重置裝置位置，重新開始追蹤
ARSessionRunOptionRemoveExistingAnchors	Session 將移除已存在的所有 ARAnchor
ARSessionRunOptionStopTrackedRaycasts	Session 停止當前活動的追蹤投影
ARSessionRunOptionResetSceneReconstruction	Session 將重置場景並重建

在初始化 ARSCNView 之後，在頁面顯示時對 ARSession 進行功能設定。設定人臉追蹤功能的程式如程式清單 6-15 所示。

程式清單 6-15 設定人臉追蹤功能

```
func faceTrackingConfig() {
    guard ARFaceTrackingConfiguration.isSupported else {
      return
    }
```

```
    let config = ARFaceTrackingConfiguration()
    config.isLightEstimationEnabled = true
    sceneView?.session.run(config,
                  options: [.resetTracking, .removeExistingAnchors])
  }
```

當 ARSession 開始運行後，人臉追蹤的狀態資訊會透過 delegate 的方式返回。所以，要獲取人臉相關資訊就要實現 ARSCNViewDelegate 的相關方法，要對 Session 的變動進行處理就需要實現 ARSessionDelegate 的相關方法。透過 delegate 方法獲得人臉資訊的程式如程式清單 6-16 所示。

程式清單 6-16 透過 delegate 方法獲得人臉資訊

```
extension ViewController:ARSCNViewDelegate, ARSessionDelegate {
   func sessionWasInterrupted(_ session: ARSession) {
      DispatchQueue.main.async {
         self.faceTrackingConfig()
      }
   }
   func renderer(_ renderer: SCNSceneRenderer, didUpdate node: SCNNode,
for anchor: ARAnchor) {
      guard let faceAnchor = anchor as? ARFaceAnchor else {
         return
      }
      guard
      let eyeBlinkL =  faceAnchor.blendShapes[.eyeBlinkLeft]?.
floatValue,
      let eyeBlinkR = faceAnchor.blendShapes[.eyeBlinkRight]?.
floatValue,
      let browInnerUp = faceAnchor.blendShapes[.browInnerUp]?.
floatValue,
      let browOutUpL = faceAnchor.blendShapes[.browOuterUpLeft]?.
floatValue,
```

```
      let browOutUpR = faceAnchor.blendShapes[.browOuterUpRight]?.
floatValue,
      let jawOpen = faceAnchor.blendShapes[.jawOpen]?.floatValue,
      let mouthFunnel = faceAnchor.blendShapes[.mouthFunnel]?.
floatValue
      else {
        return
      }
   }
}
```

6.3.3 Live2D 模型增加

在增加了 Cubism SDK 和 ARKit 的人臉追蹤功能後，我們開始使用 Cubism SDK 提供的功能來載入 Live2D 模型。在 Cubism 提供的 Demo 中初步封裝了一些 SDK 的功能，其中 LAppPal 類別依賴 SDK 和系統實現了檔案和時間的操作。檔案的讀取釋放依賴於平台提供的功能，然後轉成 Cubism SDK 需要的類型，實現的程式如程式清單 6-17 所示。

程式清單 6-17 檔案讀取與釋放

```
csmByte* LAppPal::LoadFileAsBytes(const string filePath, csmSizeInt*
outSize)
{
   int path_i = static_cast<int>(filePath.find_last_of("/")+1);
   int ext_i = static_cast<int>(filePath.find_last_of("."));
   std::string pathname = filePath.substr(0,path_i);
   std::string extname = filePath.substr(ext_i,filePath.size()-ext_i);
   std::string filename = filePath.substr(path_i,ext_i-path_i);
   NSString* castFilePath = [[NSBundle mainBundle]
                       pathForResource:[NSString
stringWithUTF8String:filename.c_str()]
```

```
                        ofType:[NSString stringWithUTF8String:extname.c_
str()]
                        inDirectory:[NSString
stringWithUTF8String:pathname.c_str()]];

   NSData *data = [NSData dataWithContentsOfFile:castFilePath];
   NSUInteger len = [data length];
   Byte *byteData = (Byte*)malloc(len);
   memcpy(byteData, [data bytes], len);

   *outSize = static_cast<Csm::csmSizeInt>(len);
   return static_cast<Csm::csmByte*>(byteData);
}

void LAppPal::ReleaseBytes(csmByte* byteData)
{
   free(byteData);
}
```

Cubism SDK 的初始化和登出都是全域唯一的，因此在 App 進入或使用前初始化 Live2D 設定，在 App 退出或使用後登出。對這部分程式進行封裝，透過實現一個 CubismManager 類別來實現開啟和登出的生命週期管理，主要程式如程式清單 6-18 所示。

程式清單 6-18 CubismFramework 初始化與結束

```
@interface CubismManager ()
@property (nonatomic) LAppAllocator cubismAllocator; // Cubism SDK
Allocator
@property (nonatomic) Csm::CubismFramework::Option cubismOption; //
Cubism SDK Option
@end

@implementation CubismManager
```

```
/// 創建單例
+ (instancetype)sharedInstance{
   static CubismManager *sharedManager;

   static dispatch_once_t onceToken;
   dispatch_once(&onceToken, ^{
      sharedManager = [[CubismManager alloc] init];
   });

   return sharedManager;
}

/// CubismFramework 初始化
- (void)initializeCubism{
   _cubismOption.LogFunction = LAppPal::PrintMessage;
   _cubismOption.LoggingLevel = Csm::CubismFramework::Option::LogLevel:
:LogLevel_Verbose;

   Csm::CubismFramework::StartUp(&_cubismAllocator,&_cubismOption);

   Csm::CubismFramework::Initialize();
}

/// CubismFramework 登出
- (void)disposeCubism{
   Csm::CubismFramework::Dispose();
}

@end
```

在 Demo 中的 LAppModel 封裝了模型的生成、功能逐漸生成、處理和更新。我們基於此類的功能結合 iOS 的平台特效進行封裝，創建 Cubism4Model 類別。在載入模型路徑後，透過 ICubismModelSetting

類別解析設定資訊，然後解析設定檔中資訊讀取餘型、物理運動、姿勢等。對模型資訊的載入如程式清單 6-19 所示。

程式清單 6-19 Live2D 模型設定載入

```
using namespace Live2D::Cubism::Framework;
@interface Cubism4Model ()
...
@property (nonatomic) CubismMoc* moc;
@property (nonatomic) CubismModel* model;
@property (nonatomic) CubismPhysics* physics;
@property (nonatomic) CubismPose* pose;
@property (nonatomic) CubismModelMatrix* modelMatrix;
...
@end

@implementation Cubism4Model
...
- (void)parsingModelInfo:(ICubismModelSetting *)setting{
   self.isInitialized = false;
   self.modelSetting = setting;

   csmByte *buffer;
   csmSizeInt size;
   csmString homeDir = self.modelHomeDir.UTF8String;

   //Cubism Model
   if (strcmp(_modelSetting->GetModelFileName(), "") != 0) {
      csmString path = _modelSetting->GetModelFileName();
      path = homeDir + path;

      buffer = LAppPal::LoadFileAsBytes(path.GetRawString(), &size);
      [self loadModelBuffer:buffer Size:size];
      LAppPal::ReleaseBytes(buffer);
   }
```

```
    //Physics
    if (strcmp(_modelSetting->GetPhysicsFileName(), "") != 0)
    {
        csmString path = _modelSetting->GetPhysicsFileName();
        path = homeDir + path;

        buffer = LAppPal::LoadFileAsBytes(path.GetRawString(), &size);
        [self loadPhysicsBuffer:buffer Size:size];
        LAppPal::ReleaseBytes(buffer);
    }
    //Pose
    if (strcmp(_modelSetting->GetPoseFileName(), "") != 0)
    {
        csmString path = _modelSetting->GetPoseFileName();
        path = homeDir + path;
        buffer = LAppPal::LoadFileAsBytes(path.GetRawString(), &size);
        [self loadPoseBuffer:buffer Size:size];
        LAppPal::ReleaseBytes(buffer);
    }
   self.isInitialized = true;
}
- (void)loadModelBuffer:(const csmByte*)buffer Size:(csmSizeInt) size
{
   _moc = CubismMoc::Create(buffer, size);
   _model = _moc->CreateModel();

   if ((_moc == NULL) || (_model == NULL))
   {
     CubismLogError("Failed to CreateModel().");
     return;
   }
   _modelMatrix = CSM_NEW CubismModelMatrix(_model->GetCanvasWidth(),
                                    _model->GetCanvasHeight());
}
- (void)loadPhysicsBuffer:(const csmByte*)buffer Size:(csmSizeInt) size
{
```

```
    _physics = CubismPhysics::Create(buffer, size);
}

- (void)loadPoseBuffer:(const csmByte*)buffer Size:(csmSizeInt) size
{
    _pose = CubismPose::Create(buffer, size);
}
...
@end
```

載入模型後透過 OpenGL 繪製模型，繪製時需要根據設定檔獲取紋理資訊——首先對繪製器進行管理，然後透過繪製器綁定紋理資訊。程式實現如程式清單 6-20 所示。

程式清單 6-20 繪製器及紋理處理

```
@interface Cubism4Model ()
...
@property (nonatomic) ICubismModelSetting* modelSetting;
@property (nonatomic) Rendering::CubismRenderer* renderer;
@property (nonatomic) LAppTextureManager* textureManager;
...
@end

@implementation Cubism4Model

- (instancetype)init{
    if (self = [super init]) {
        _textureManager = [[LAppTextureManager alloc] init];

        ...
    }
    return  self;
}
```

```
...

- (void)reloadRender{
    [self deleteRenderer];
    _renderer = Rendering::CubismRenderer::Create();
    _renderer->Initialize(_model);
}

- (void)deleteRenderer {
    if (_renderer) {
        Rendering::CubismRenderer::Delete(_renderer);
        _renderer = NULL;
    }
}

- (Rendering::CubismRenderer_OpenGLES2 *)getRender
{
    return dynamic_cast<Rendering::CubismRenderer_OpenGLES2*>(_
renderer);
}

- (void)SetupTextures{
    for (csmInt32 modelTextureNumber = 0; modelTextureNumber < _
modelSetting->GetTextureCount(); modelTextureNumber++) {
        if (strcmp(_modelSetting->GetTextureFileName(modelTextureNumber),
"") == 0) {
            continue;
        }

        csmString path = [_modelHomeDir UTF8String];
        path += _modelSetting->GetTextureFileName(modelTextureNumber);

        TextureInfo* texture = [_textureManager
createTextureFromPngFile:path.GetRawString()];
        csmInt32 glTextueNumber = texture->id;
```

```
        [self getRender]->BindTexture(modelTextureNumber,
glTextueNumber);
    }
    [self getRender]->IsPremultipliedAlpha(true);
}

...

@end
```

在設定設定檔路徑時首先讀取設定檔、載入模型、重新生成繪製器，之後載入紋理，如程式清單 6-21 所示。

程式清單 6-21 載入模型設定檔

```
- (void)loadAssets:(NSString *)dir fileName:(NSString *)fileName{
    self.modelHomeDir = dir;
    NSString *filePath = [dir stringByAppendingString:fileName];

    csmSizeInt size;
    csmByte *buffer = LAppPal::LoadFileAsBytes(filePath.UTF8String,
&size);
    ICubismModelSetting *setting = new CubismModelSettingJson(buffer,
size);
    LAppPal::ReleaseBytes(buffer);

    [self parsingModelInfo:setting];
    [self reloadRender];
    [self SetupTextures];
}
```

CubismFramework 提供了一個 4×4 的矩陣來進行視圖的控制，透過對 4×4 矩陣的操作來控制繪製的畫布資訊、顯示畫布及更新視圖屬性，如程式清單 6-22 所示。

程式清單 6-22 視圖顯示處理

```
@interface Cubism4Model ()

...
@property (nonatomic) Csm::csmFloat32 userTimeSeconds;
@property (nonatomic) Csm::CubismMatrix44 *drawMatrix;
@end

@implementation Cubism4Model

- (instancetype)init{
   if (self = [super init]) {
      ...
      _drawMatrix = new Csm::CubismMatrix44();
   }
   return  self;
}

...

- (void)scale:(float)x Y:(float)y
{
   _drawMatrix->Scale(x, y);
}

- (void)scaleRelative:(float)x Y:(float)y
{
   _drawMatrix->ScaleRelative(x, y);
}

- (void)translate:(float)x Y:(float)y
{
   _drawMatrix->Translate(x, y);
}

- (void)translateX:(float)x
```

```
{
    _drawMatrix->TranslateX(x);
}

- (void)translateY:(float)y
{
    _drawMatrix->TranslateY(y);
}

- (void)update {
    const csmFloat32 deltaTimeSeconds = LAppPal::GetDeltaTime();
     _userTimeSeconds += deltaTimeSeconds;

    if (_physics != NULL) {
        _physics->Evaluate(_model, deltaTimeSeconds);
    }

    if (_pose != NULL)
    {
        _pose->UpdateParameters(_model, deltaTimeSeconds);
    }

    _model->Update();
    _drawMatrix->LoadIdentity();
}

- (void)draw{
    if (self.model == NULL) {
        return;
    }

    [self getRender]->SetMvpMatrix(_drawMatrix);
    [self getRender]->DrawModel();
}

@end
```

載入模型後需要根據人臉追蹤的屬性控制模型的運動，這就需要對屬性操作。Live2D 定義了多種預設屬性，我們透過列舉定義與預設參數對應來簡化呼叫，如程式清單 6-23 所示。

程式清單 6-23 根據人臉追蹤的屬性控制模型的運動

```
//參數列舉定義
typedef NS_ENUM(NSInteger, CubismParamId) {
    AngleX,
    AngleY,
    AngleZ,
    EyeLOpen,
    EyeROpen,
    EyeLSmile,
    EyeRSmile,
    EyeBallX,
    EyeBallY,
    BrowLY,
    BrowRY,
    BrowLX,
    BrowRX,
    BrowLAngle,
    BrowRAngle,
    BodyAngleX,
    BodyAngleY,
    BodyAngleZ,
    BustX,
    BustY,
};

@interface Cubism4Model ()

@property (nonatomic) const CubismId *angleX;
@property (nonatomic) const CubismId *angleY;
@property (nonatomic) const CubismId *angleZ;
```

```
@property (nonatomic) const CubismId *eyeLOpen;
@property (nonatomic) const CubismId *eyeROpen;
@property (nonatomic) const CubismId *eyeLSmile;
@property (nonatomic) const CubismId *eyeRSmile;
@property (nonatomic) const CubismId *eyeBallX;
@property (nonatomic) const CubismId *eyeBallY;
@property (nonatomic) const CubismId *browLX;
@property (nonatomic) const CubismId *browLY;
@property (nonatomic) const CubismId *browRX;
@property (nonatomic) const CubismId *browRY;
@property (nonatomic) const CubismId *browLAngle;
@property (nonatomic) const CubismId *browRAngle;
@property (nonatomic) const CubismId *bodyAngleX;
@property (nonatomic) const CubismId *bodyAngleY;
@property (nonatomic) const CubismId *bodyAngleZ;
@property (nonatomic) const CubismId *bustX;
@property (nonatomic) const CubismId *bustY;
@end

@implementation Cubism4Model

- (instancetype)init{
   if (self = [super init]) {
      [self paramStatusInit];
      ...
   }
   return  self;
}

- (void)paramStatusInit{
   CubismIdManager *manager = CubismFramework::GetIdManager();
   self.angleX = manager->GetId(DefaultParameterId::ParamAngleX);
   self.angleY = manager->GetId(DefaultParameterId::ParamAngleY);
   self.angleZ = manager->GetId(DefaultParameterId::ParamAngleZ);
   self.eyeLOpen = manager->GetId(DefaultParameterId::ParamEyeLOpen);
   self.eyeROpen = manager->GetId(DefaultParameterId::ParamEyeROpen);
```

```
    self.eyeLSmile = manager->GetId(DefaultParameterId::ParamEyeLSmile);
    self.eyeRSmile = manager->GetId(DefaultParameterId::ParamEyeRSmile);
    self.eyeBallX = manager->GetId(DefaultParameterId::ParamEyeBallX);
    self.eyeBallY = manager->GetId(DefaultParameterId::ParamEyeBallY);
    self.browLX = manager->GetId(DefaultParameterId::ParamBrowLX);
    self.browLY = manager->GetId(DefaultParameterId::ParamBrowLY);
    self.browRX = manager->GetId(DefaultParameterId::ParamBrowRX);
    self.browRY = manager->GetId(DefaultParameterId::ParamBrowRY);
    self.browLAngle = manager->GetId(DefaultParameterId::ParamBrowLAngle);
    self.browRAngle = manager->GetId(DefaultParameterId::ParamBrowRAngle);
    self.bodyAngleX = manager->GetId(DefaultParameterId::ParamBodyAngleX);
    self.bodyAngleY = manager->GetId(DefaultParameterId::ParamBodyAngleY);
    self.bodyAngleZ = manager->GetId(DefaultParameterId::ParamBodyAngleZ);
    self.bustX = manager->GetId(DefaultParameterId::ParamBustX);
    self.bustY = manager->GetId(DefaultParameterId::ParamBustY);
}

- (const CubismId *)cubismIdByParamType:(CubismParamId)paramId{
    const CubismId *pId;
    switch (paramId) {
        case AngleX:
            pId = self.angleX;
            break;
        case AngleY:
            pId = self.angleY;
            break;
        case AngleZ:
            pId = self.angleZ;
            break;
        case EyeLOpen:
            pId = self.eyeLOpen;
            break;
        case EyeROpen:
            pId = self.eyeROpen;
            break;
        case EyeLSmile:
```

```
        pId = self.eyeLSmile;
        break;
    case EyeRSmile:
        pId = self.eyeRSmile;
        break;
    case EyeBallX:
        pId = self.eyeBallX;
        break;
    case EyeBallY:
        pId = self.eyeBallY;
        break;
    case BrowLY:
        pId = self.browLY;
        break;
    case BrowRY:
        pId = self.browRY;
        break;
    case BrowLX:
        pId = self.browLX;
        break;
    case BrowRX:
        pId = self.browRX;
        break;
    case BrowLAngle:
        pId = self.browLAngle;
        break;
    case BrowRAngle:
        pId = self.browRAngle;
        break;
    case BodyAngleX:
        pId = self.bodyAngleX;
        break;
    case BodyAngleY:
        pId = self.bodyAngleY;
        break;
    case BodyAngleZ:
```

```
            pId = self.bodyAngleZ;
            break;
        case BustX:
            pId = self.bustX;
            break;
        case BustY:
            pId = self.bustY;
            break;
    }
    return pId;
}

- (void)setParameter:(CubismParamId)paramId Value:(float)value{
    const CubismId *pId = [self cubismIdByParamType:paramId];
    _model->SetParameterValue(pId, value);
}

...

@end
```

對 CubismFramwork 的功能進行封裝後，可以在 iOS 的頁面中進行繪製，然後獲取 ARKit 人臉追蹤的屬性資訊更新載入的模型，使模型動起來。頁面繼承自 GLKViewController，首先在頁面初始化和登出時呼叫 CubismManager 類別的方法進行初始化和登出，然後透過 OpenGL 設定繪製上下文，對 OpenGL 的初始化及 Model 的畫布進行設定，如程式清單 6-24 所示。

程式清單 6-24 OpenGL 繪製

```
class ViewController: GLKViewController {
    var sceneView:ARSCNView?

    public var isOpenGLRun = false
```

```
   var glkView: GLKView {
      return view as! GLKView
   }

   private var vertexBufferId: GLuint = 0
   private var fragmentBufferId: GLuint = 0
   private var programId: GLuint = 0

   private let uv: [GLfloat] = [
      0.0, 1.0,
      1.0, 1.0,
      0.0, 0.0,
      1.0, 0.0
   ]

   private var model: Cubism4Model?

   func cubismModelLoad() {
      model = Cubism4Model()
      Model?.loadAssets("Model/mark_free/", fileName: "mark_free_t02.
model3.json")
   }

   private func setupOpenGL() {
      isOpenGLRun = true
      guard let ctx = EAGLContext(api: .openGLES2) else {
         fatalError("Failed to init EAGLContext")
      }

      glkView.context = ctx
      EAGLContext.setCurrent(glkView.context)

      glTexParameteri(GLenum(GL_TEXTURE_2D), GLenum(GL_TEXTURE_MAG_
FILTER), GL_LINEAR)
      glTexParameteri(GLenum(GL_TEXTURE_2D), GLenum(GL_TEXTURE_MIN_
FILTER), GL_LINEAR)
```

```
        glEnable(GLenum(GL_BLEND))
        glBlendFunc(GLenum(GL_SRC_ALPHA), GLenum(GL_ONE_MINUS_SRC_ALPHA))

        glGenBuffers(1, &vertexBufferId)
        glBindBuffer(GLenum(GL_ARRAY_BUFFER), vertexBufferId)

        glGenBuffers(1, &fragmentBufferId)
        glBindBuffer(GLenum(GL_ARRAY_BUFFER), fragmentBufferId)
        glBufferData(GLenum(GL_ARRAY_BUFFER), MemoryLayout<GLfloat>.size
* uv.count, uv, GLenum(GL_STATIC_DRAW))
    }

    override func glkView(_ view: GLKView, drawIn rect: CGRect) {
        CubismManager.sharedInstance().updateTime()

        if isOpenGLRun {
            Model?.update()

            glClear(GLbitfield(GL_COLOR_BUFFER_BIT))
            glClearColor(1.0, 1.0, 1.0, 1.0)

            Model?.scale(1.0, y: Float(rect.size.width / rect.size.
height))
            Model?.scaleRelative(4.0, y: 4.0)
            Model?.translateY(-0.2)

            Model?.draw()
        }
    }
}
```

在模型載入畫面後根據 ARKit 的面部追蹤資訊即時更新模型的參數，實現模型跟隨人臉動作進行運動，實現程式如程式清單 6-25 所示。

程式清單 6-25 面部追蹤與模型綁定

```
extension ViewController:ARSCNViewDelegate, ARSessionDelegate {
   func renderer(_ renderer: SCNSceneRenderer, didUpdate node: SCNNode,
for anchor: ARAnchor)
   {
      guard let faceAnchor = anchor as? ARFaceAnchor else {
         return
      }

      guard let eyeBlinkL =  faceAnchor.blendShapes[.eyeBlinkLeft]?.
floatValue,
           let eyeBlinkR = faceAnchor.blendShapes[.eyeBlinkRight]?.
floatValue,
           let browInnerUp = faceAnchor.blendShapes[.browInnerUp]?.
floatValue,
           let browOutUpL = faceAnchor.blendShapes[.browOuterUpLeft]?.
floatValue,
           let browOutUpR = faceAnchor.blendShapes[.browOuterUpRight]?.
floatValue,
           let jawOpen = faceAnchor.blendShapes[.jawOpen]?.floatValue,
           let mouthFunnel = faceAnchor.blendShapes[.mouthFunnel]?.
floatValue
           else {
         return
      }

      Model?.setParameter(.EyeLOpen, value: 1.0 - eyeBlinkL)
      Model?.setParameter(.EyeROpen, value: 1.0 - eyeBlinkR)

      Model?.setParameter(.BrowLY, value: (browInnerUp +
browOutUpL)/2.0)
      Model?.setParameter(.BrowRY, value: (browInnerUp +
browOutUpR)/2.0)

      Model?.setParameter(.MouthForm, value: jawOpen * 1.6)
```

```
        Model?.setParameter(.MouthOpenY, value: mouthFunnel)

        let newFaceMatrix = SCNMatrix4(faceAnchor.transform)
        let faceNode = SCNNode()
        faceNode.transform = newFaceMatrix

        Model?.setParameter(.AngleX, value: faceNode.eulerAngles.x *
-360/Float.pi)
        Model?.setParameter(.AngleY, value: faceNode.eulerAngles.x * 360/
Float.pi)
        Model?.setParameter(.AngleZ, value: faceNode.eulerAngles.x *
-360/Float.pi)
    }
}
```

實現模型的載入及面部追蹤後，效果如圖 6-11 所示。

▲ 圖 6-11 模型追蹤效果

6.4 Live2D + FaceRig 方案實現

虛擬主播最簡單的實現方式是利用已有的商務軟體進行設定，目前市面上支援 Live2D 技術的有多款軟體，如 FaceRig、Live2DViewEx 等。面部軟體 FaceRig 的出現促使虛擬主播走向大眾，不斷湧現出新的虛擬主播。本節將介紹透過 FaceRig 和 Live2D 實現虛擬主播的方法。

6.4.1 FaceRig 概述

FaceRig 是一款由 Holotech 工作室開發的面部捕捉軟體，運用基於影像的臉部追蹤技術捕捉使用者的面部，然後改變螢幕中虛擬人物的面部表情。因此，FaceRig 可以透過一個普通的 WebCam 來數位化表達自己的虛擬形象。它是一個開放的創造平台，每個人都能製作屬於自己的形象、背景或道具並匯入 FaceRig 中使用。

FaceRig 目前有 3 個版本，可以透過 Stream 進行購買：

- FaceRig Classic 是 FaceRig 的基礎版本，允許家庭非營利使用，甚至在 YouTube/Twitch 或相似網站進行有限的貨幣化。
- FaceRig Pro 是 Classic 的 DLC 版本，功能沒有增加，但是允許你透過 YouTube/Twitch 或相似網站獲利，不管月收入如何。
- FaceRig Studio 是一款專業軟體，允許任何人使用不同的運動追蹤感測器以數位方式表現 CG 角色。輸出的影片可以即時傳輸保存為電影或匯出為動畫。它旨在成為一個開放的創作平台，因此每個人都可以製作自己的角色、背景或道具，並將它們匯入 FaceRig Studio 中。

本節使用 FaceRig Classic 及 Live2D 外掛程式實現模型的運動。在 Stream 上搜索 FaceRig，結果如圖 6-12 所示，兑換密鑰或購買程式後，FaceRig 會自動增加到 Stream 軟體庫。

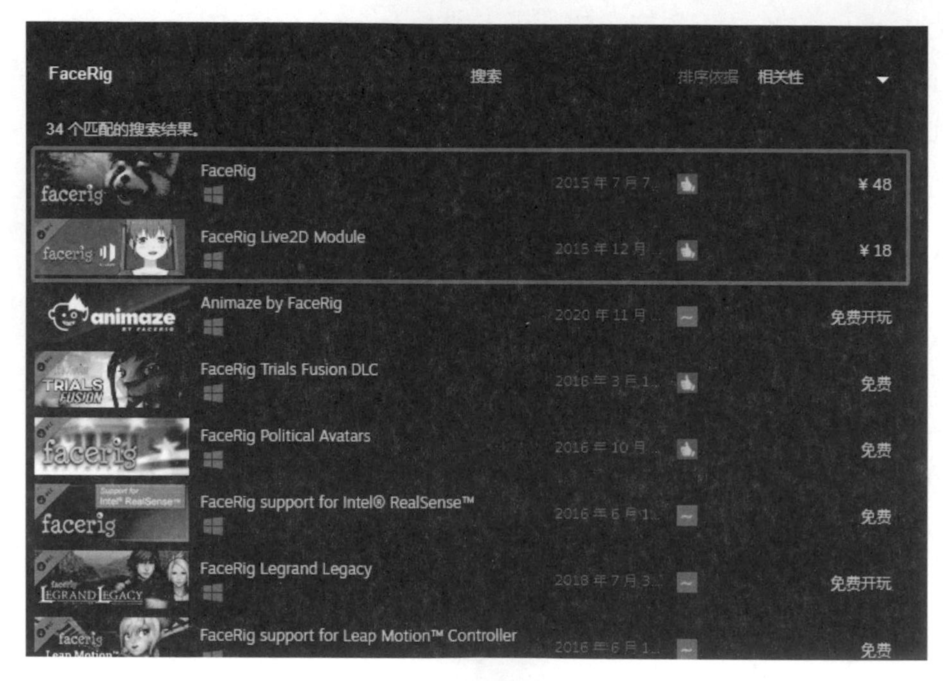

▲ 圖 6-12 Stream 搜索介面

FaceRig 下載完成後，點擊「啟動」按鈕；第一次安裝過程中需要一段時間，需要安裝 FaceRig 所需的各種髮型元件，如圖 6-13 所示。

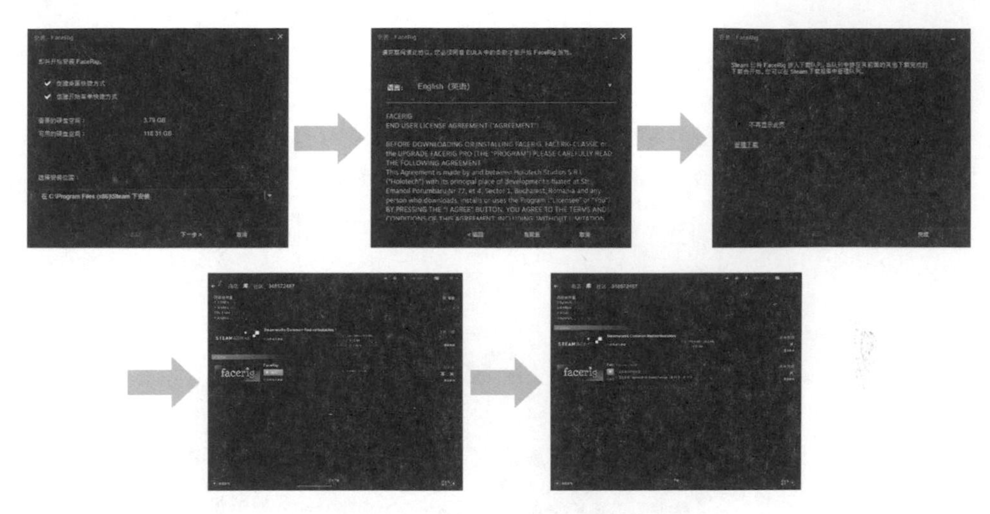

▲ 圖 6-13 FaceRig 安裝流程

安裝完成後在 Stream 中啟動 FaceRig，啟動介面如圖 6-14 所示。

▲ 圖 6-14 FaceRig 啟動介面

6.4.2 FaceRig 的基本功能

FaceRig 提供了圖示、背景、畫中畫、自動校準追蹤、基於音訊的唇形同步等功能。FaceRig 提供了 47 個預設的虛擬圖示，每個圖示都有一個標題和一個或多個皮膚。點擊縮圖後，載入所需的圖示，頁面如圖 6-15 所示。

▲ 圖 6-15 FaceRig 圖示

FaceRig 的環境按鈕可以啟動背景圖庫，內建了 32 種背景圖，每個背景圖庫都有一個標題，點擊背景縮圖可以載入背景，然後就會出現所選的背景。環境選擇頁面如圖 6-16 所示，其中有些環境是為了特殊化身預先定義的，背景有 2D 和 3D 的（3D 背景允許旋轉）。在高級介面中，允許使用者自訂調整光源、陰影、光暈等。

▲ 圖 6-16 FaceRig 環境

FaceRig 的畫中畫功能有 4 種模式，可以根據需要切換：

- 攝影機串流在左下角可見。
- 攝影機串流不可見。
- 攝影機串流全螢幕顯示，替換圖示。
- 攝影機串流全螢幕顯示，在圖示的後面。

在選定圖示和環境後，FaceRig 的顯示效果如圖 6-17 所示，其中圖示追蹤人臉效果進行展示。

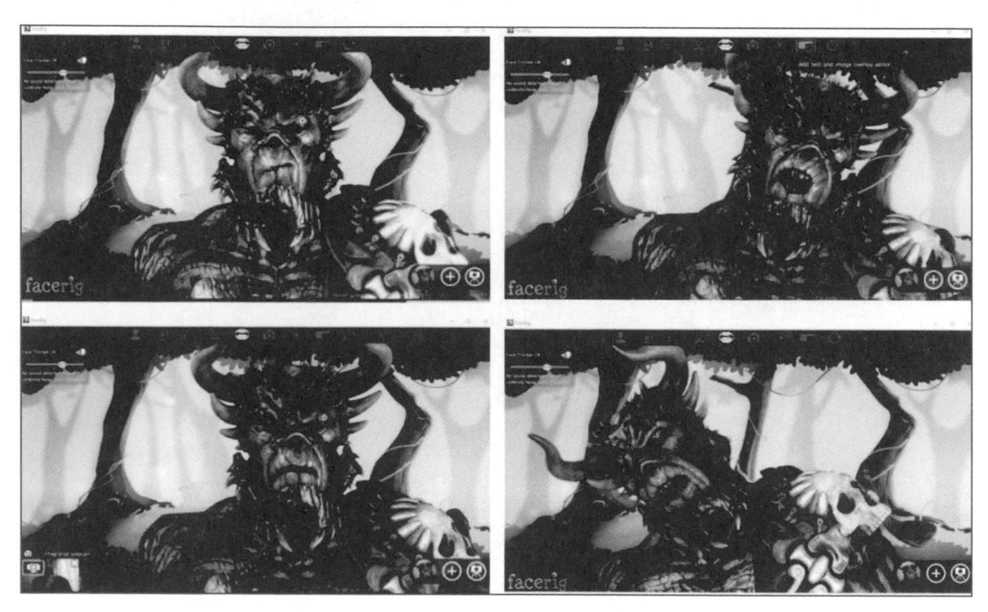

▲ 圖 6-17 FaceRig 圖示效果

6.4.3 匯入 Live2D 模型

使用 FaceRig Live2D Module，Live2D 模型可以作為圖示匯入 FaceRig。當購買 FaceRig Live2D Module 後，FaceRig 會自動安裝。當重新打開軟體後，可以看到圖示選擇中有 Live2D 圖示選擇，如圖 6-18 所示。

FaceRig 透過查詢 .moc3 檔案和 .model3.json 檔案來辨識 Live2D 圖示。如果 *.model3.json 檔案存在，那麼 FacceRig 自動檢測 .moc3 及紋理的位置，如果不存在就假設 .moc3 檔案的名稱與所在資料夾的名稱相同，紋理在目標目錄下的 1024/、2048/ 資料夾中搜索。對於匯出的

Live2D 模型，可以將其放入圖示目錄下（<steamInstallDir /steamapps/common/FaceRig/Mod/Vr/ rC_CustomData/Objects）。第一次打開軟體可以看到一個問號，第二次打開後顯示畫面截圖，如圖 6-19 所示。

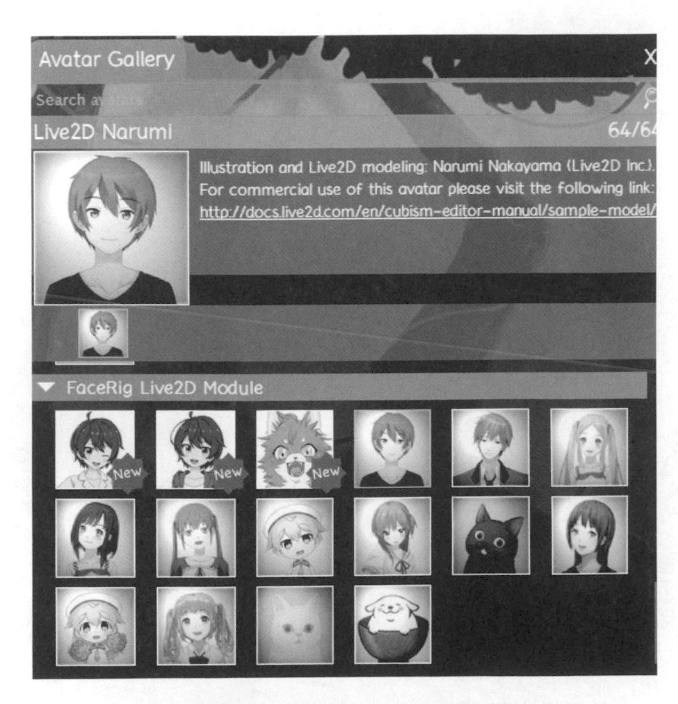

▲ 圖 6-18 FaceRig Live2D 模組圖示選擇

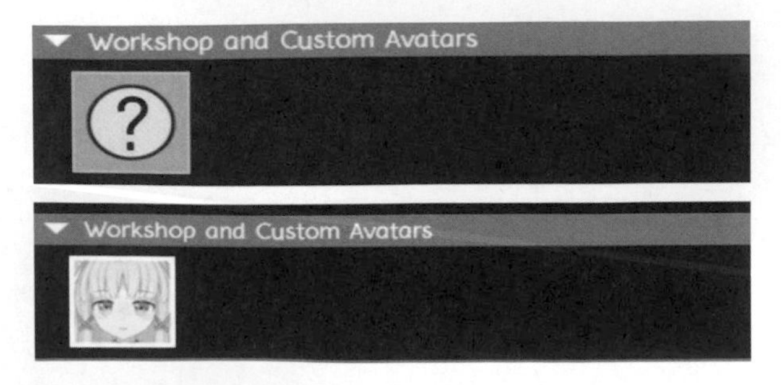

▲ 圖 6-19 FaceRig 匯入模型後的圖示選擇

在圖示清單中使用自定的圖表，必須要有一個圖標檔案（必須是 256×256 解析度的 png 圖，命名必須是「ico_+ 圖示名 +.png」，圖示名稱是 moc3 檔案的名稱）和兩個 .cfg 檔案。.cfg 檔案啟用附加功能，如為圖示設定名稱，便於搜索查詢。其中，必須創建一個名為「cc_names_+ 圖示名 +.cfg」的檔案。在匯入 Live2D 模型後，FaceRig 自動匹配目的檔夾下的模型檔案，然後利用 FaceRig 的人臉追蹤功能驅動模型跟隨人臉動作，效果如圖 6-20 所示。

▲ 圖 6-20 FaceRig 匯入模型效果

透過 FaceRig 載入 Live2D 模型大大減少了虛擬主播的工作量，便於大眾化傳播。

6.5 小結

本章從動作捕捉的理論知識到結合 ARKit 面部追蹤和 Live2D Cubism SDK 實現 Live2D 虛擬偶像動起來的實現細節，最後介紹了 Live2D 模型最常用的商業化軟體 FaceRig 以及在 FaceRig 中增加 Live2D 模型的方法。目前的虛擬偶像受眾還集中在二次元文化群眾，Live2D+FaceRig 方案是虛擬主播使用最廣泛的方案。

Chapter

07

基於 3D 的虛擬偶像實現方案

關於虛擬偶像的設計和定位目前業界有多種方案，從關注的互動程度上可以分為傳播型和互動型：傳播型通常是透過短影片的方式接住主流的短影片媒體增加曝光量，進而形成 IP 增加人物的認知度；互動型是在特定的場景下進行的，比如在虛擬偶像直播、新聞播報以及天氣預報播報上，人物和場景繪製達到準即時的效果，並且帶有互動屬性。在傳統影視動畫作品的製作過程中，利用 3D Max、Maya 等軟體逐幀對畫面的表情、動作、效果等進行設計和調整，然後達到控制角色的表情和動作的目的，最終利用電腦繪製出關鍵頁框動畫。在現代三維動畫製作中，越來越趨向於表現寫實和逼真的任務、動物角色。只有真實、流暢的肢體動作與生動逼真的面部表情相結合才能呈現出完美的虛擬形象，實現高水準的現代角色動畫製作。

本章將以基於 3D 的範例介紹虛擬偶像的專案實作。

› 7.1 3D 虛擬偶像專案簡介

3D 模型具有 2D 人物形象無法比擬的擬人形態和豐富的表情動作，這裡簡單介紹一下如何製作一個 3D 的虛擬偶像，以及背後具備的演算法和邏輯。一般而言，虛擬偶像具有互動和靜態呈現兩種。靜態呈現是指虛擬人物以訂製好的圖片和影片的方式對外發佈和曝光。互動類型的虛擬偶像還可以再分為兩種類別：一種是透過真人在後端進行表情和動作捕捉，透過動畫引擎進行回應；另外一種是透過語音辨識和對話機器人對觀眾進行回應並進行即時繪製，從而脫離真人操作。本節主要針對最後一種虛擬偶像的實現方式進行講解。

- 虛擬偶像 3D 模型的創建。
- 建構對話機器人。
- 語音辨識引擎。
- 嘴型對齊演算法。
- Openvino 模型的部署。
- 前端 App 的呼叫測試。

這裡我們使用 Openvino 來部署模型，透過 Restful API 提供服務：接收用戶端傳入的語音，透過語音辨識引擎轉成文字，作為對話機器人的輸入，透過對話機器人獲取回答的文字，再透過 TTS 引擎轉成語音，最後將語音對齊到虛擬偶像 3D 模型上，實現整個虛擬人物的互動過程。對話的深度和層級取決於對話機器人的建構層次。

7.2 建立人物 3D 模型

在上一章中我們已經創建了一個虛擬偶像。這裡我們根據需求進行微調，這裡微調的部分包含臉闊、眉毛、眼睛大小、位置、眼球、髮型、身高等，同時對衣物和配件根據自己的需要進行調整。

本例使用 Character Creator 3.x 對人物進行建模和調整，之後匯出成 fbx 格式，進入 Blender 中做動畫和繪製。

Character Creator 是 Reallusion 針對設計師推出的人物創作軟體，可以輕易創建、匯入並訂製化擬人化人物模型。透過內建的人體模型和開放的社區，它可以輕易塑造虛擬人物。目前主流的 Blender、Unreal 引擎等都有和 Character Creator（或 iClone）透過 Live Stream 的外掛程式整合，可以實現動捕裝置的即時傳輸，是很火熱的業內利器。由於是商務軟體，讀者可以先下載試用。它可以輕鬆實現 3D 人物的生成、動畫、繪製以及互動式設計等。

下面我們簡單介紹一下 Character Creator 的介面和操作步驟。首先在 Character Creator 裡新建一個專案（以範例專案為例），如圖 7-1 所示。

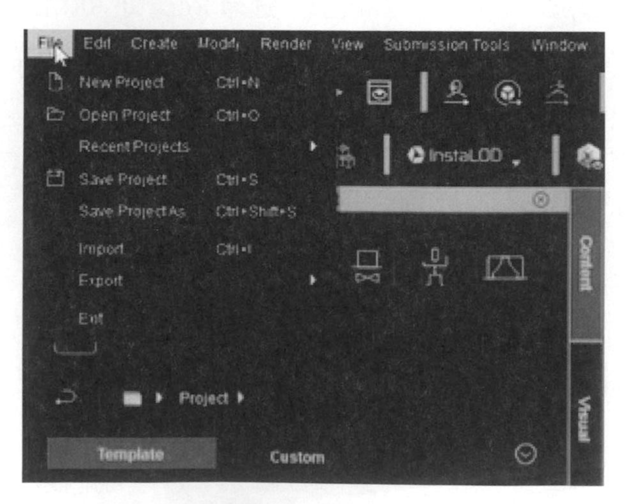

▲ 圖 7-1 創建新專案

打開範例專案後，可以看到 Character Creator 的操作介面，主要包含了頂部的選單區域、左邊的內容管理區域、中間的場景預覽區域以及右邊的調整和外掛程式管理區域。

在內容管理區域我們可以看到一些人物塑造相關的圖標，比如人物、皮膚、衣服、配飾、動作和場景等（見圖 7-2），透過上述元素的組合來建構自己期待的虛擬角色。圖 7-3 顯示了一個典型的人物模型塑造的過程。我們可以透過人物標籤進行更進一步的調整，比如對人物的高、矮、胖、瘦、髮型、眼睛等特徵進行微調，俗稱「捏臉」，整體來說自由度很高，容易上手操作。

▲ 圖 7-2 Content Manager 內容管理器

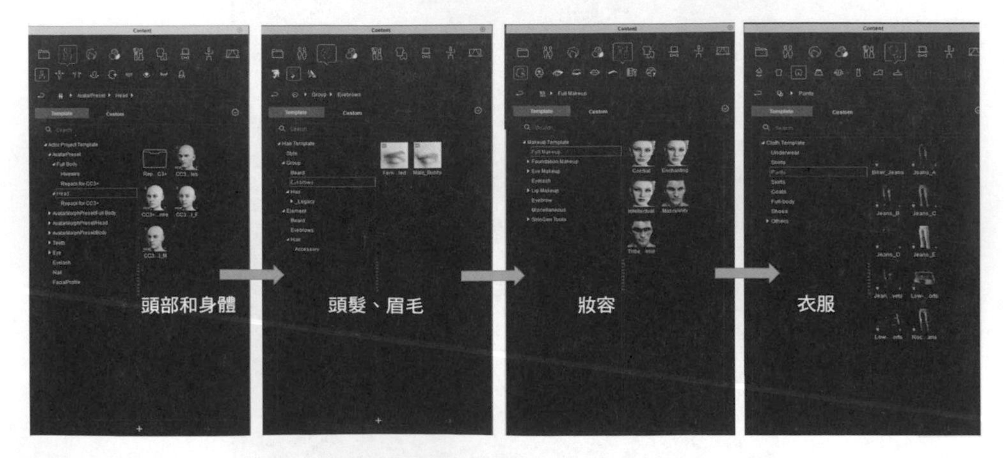

▲ 圖 7-3 人物模型創建過程

下面介紹一些快速鍵，用於在視窗中快速瀏覽場景：

- 按滑鼠左鍵 + Alt 鍵平移視圖（或透過快速鍵 X）。
- 按滑鼠右鍵 + Alt 鍵旋轉視圖（或透過快速鍵 C）。
- 透過滑動滑鼠滾輪可以實現 Zoom in 和 Out 操作（或透過快速鍵 C）。

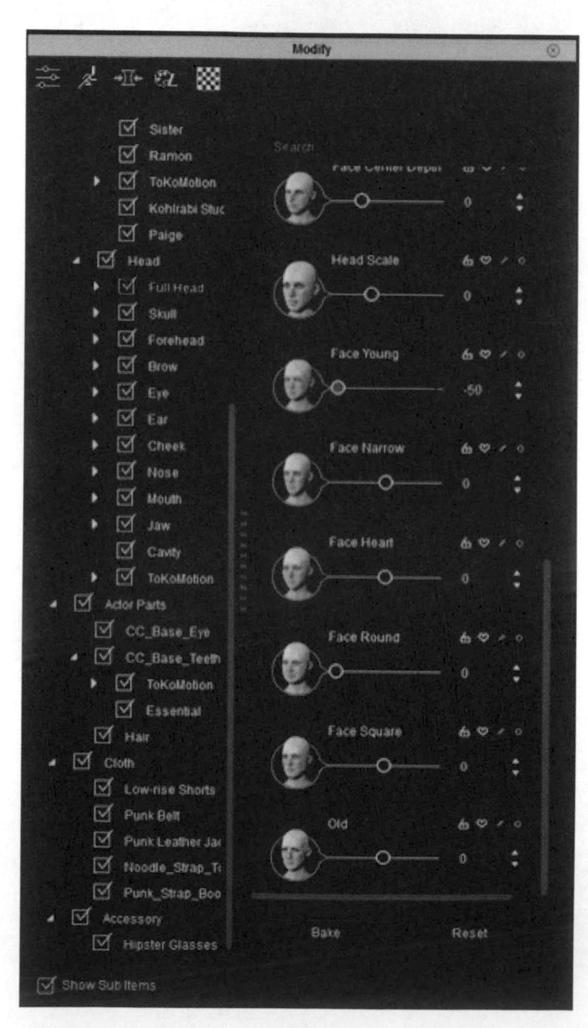

▲ 圖 7-4 Modify 修改器中的 Morph 變形標籤

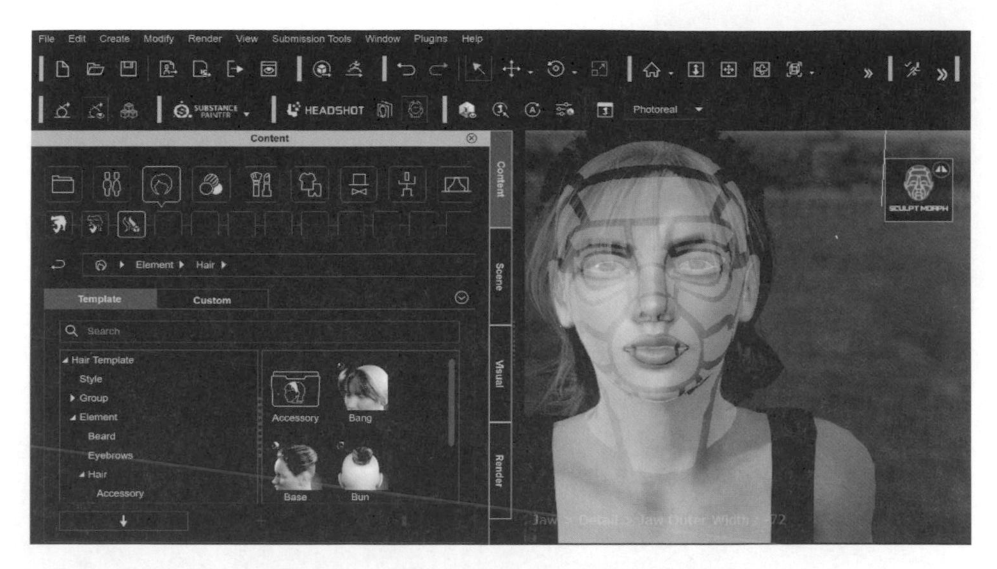

▲ 圖 7-5 Sculpt Morph 雕刻變形工具

這裡我們對範例的人物角色進行微調（「捏臉」）操作，在 Modify 面板中的 Morph 標籤（見圖 7-4）中透過對常見的頭骨、額頭、眼睛等進行滑動桿拖拉操作，以及透過 Face Young 屬性對人物的年齡進行編輯和調整，或透過圖 7-5 中的面部 Morph 控制器直接用滑鼠進行微調達到修飾的效果。

在外觀 Appreance 標籤中，我們對髮型和衣物等進行材質調整；在材質 Material 標籤中對材質進行調整，並且可以在場景區域透過滑鼠按兩下感興趣部位進行點選。

在場景面板（見圖 7-6）中，我們可以看到已經增加的元件，包括攝像機、燈光以及人物的基本元素元件（比如髮型、人物頭部和身體等模型元件）。我們可以根據需要進行顯示或隱藏操作，以及刪除增加、鎖定特定元件等。

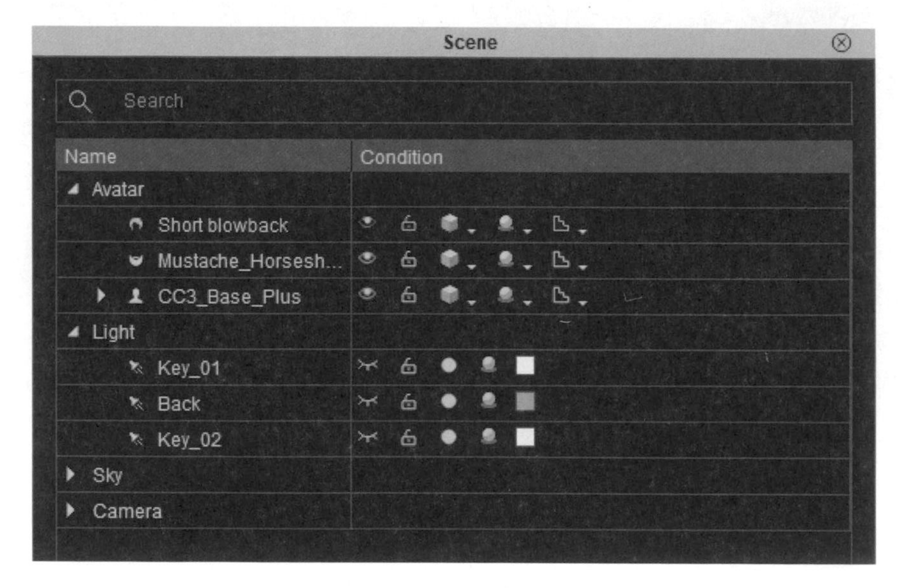

▲ 圖 7-6 場景標籤編輯面板

整體來説，Character Creator 對於虛擬人物的塑造非常直觀和簡單（見圖 7-7），感興趣的讀者可以透過下載軟體進行試用。

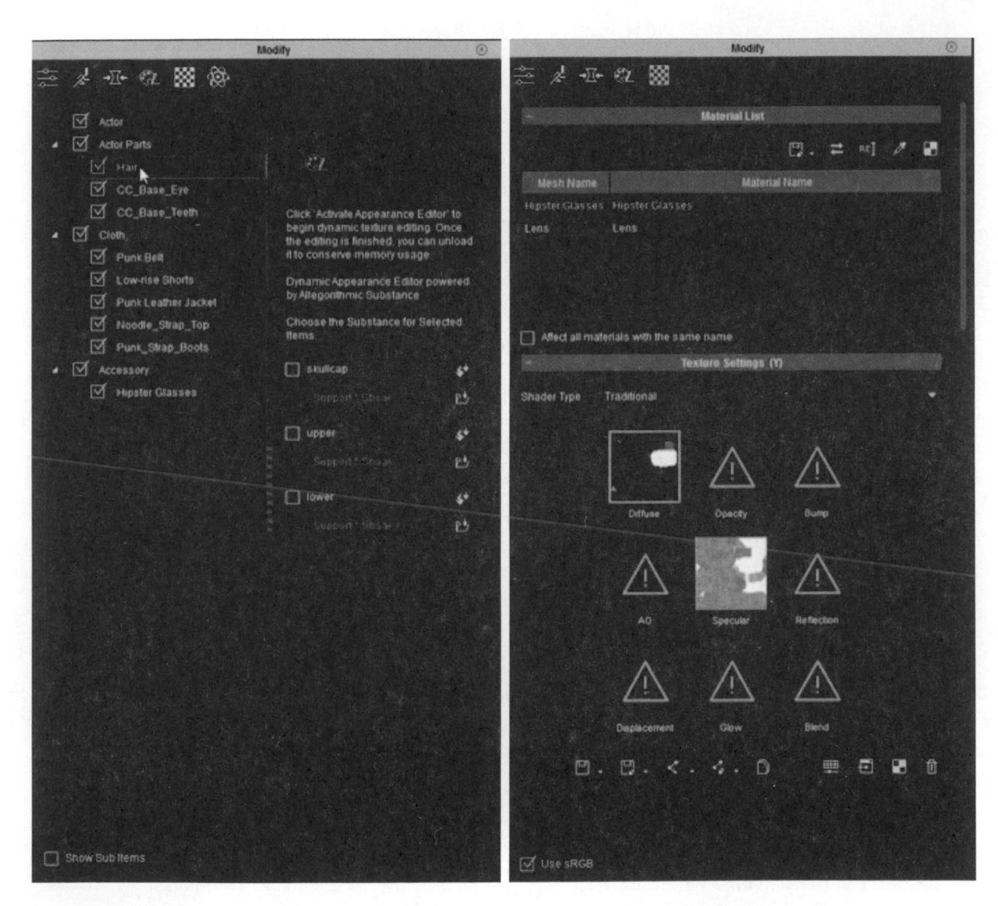

▲ 圖 7-7 外觀（左）和材質（右）編輯標籤

將 Character Creator 中的 3D 模型匯出，透過 File → Export 選擇 Fbx 格式。打開 Blender 軟體，匯入我們在 Character Creator 中創建好的人物模型檔案，接下來進行骨骼的綁定（可以參照第 5 章的骨骼綁定章節），如圖 7-8 所示。

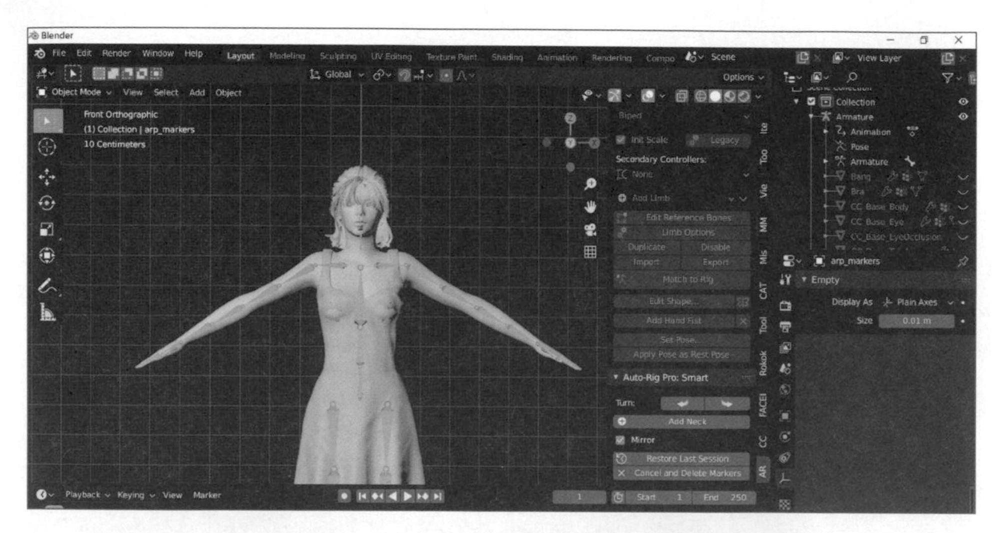

▲ 圖 7-8 模型匯入 Blender 並進行骨骼綁定

7.3 虛擬偶像擬人化——預製表情和動作集

如何使得虛擬偶像擬人化是在虛擬偶像規劃中的重要部分，由於本例中會涉及互動式的階段，因此這裡引入一個動作和表情集的概念。

常見的表情包含情緒化的表現（比如高興、生氣、鄙視、害羞），並且可以根據情感的程度分為一般、中等、強烈等。姿勢包含放鬆休息、拍手、膽怯、搖頭、踢腿等動作。

這裡我們介紹如何訂製表情預製集，通常來說單一圖片可以辨識出人的主要情緒，在特定情況下需要透過影片 / 圖片幀上下文來理解人的真實情感。

這裡引入常見的人臉表情的資料集 Context-Aware Emotion Recognition database（CAER，https://caer-dataset.github.io/）表情標籤：開心、悲傷、厭惡、生氣、中立、驚訝、害怕等。該影片集合包含了 1W+ 的影片序列，每個約為 90 幀，作為我們訓練表情的驅動影片檔案。

在第 5 章中我們介紹了 First Order Motion Model 的實現方式，這裡選擇有代表性的表情檔案（背景和前景突出的影片部分）放入對應的資料夾中，透過執行下列命令得到輸出後的目標模型表情動作部分。

```
python demo.py  --config config/dataset_name.yaml --driving_video
path/to/driving --source_image path/to/source --checkpoint path/to/
checkpoint --relative --adapt_scale
```

關於動作方面，可以透過 Openpose 將常見的動作影片部分提取並匯出成 bvh 檔案匯入 Blender 等 3D 建模動畫軟體中，驅動對應的虛擬偶像生成相對應的影片部分。

接下來將人物匯入訂製好的環境場景圖中，往場景中增加光源。根據經典的三點布光原則，我們在場景中增加三個光源，分別是 Key Light（主光源）、Rim Light（邊緣光）和 Fill Light（補光），如圖 7-9 所示。主光源一般位於主題物件的左上方，是強度最強的。通常在 Blender 裡採用日光或聚光來突出陰影部分。邊緣光也叫作背光（Back Light）用來凸顯主題的邊緣，並將主題從背景中剝離，通常是光源中最弱的。補光的強度較小、區域較大，以凸顯主光源光線造成的陰影，通常位於主光源的另一側，高度和主光源相近或較低。

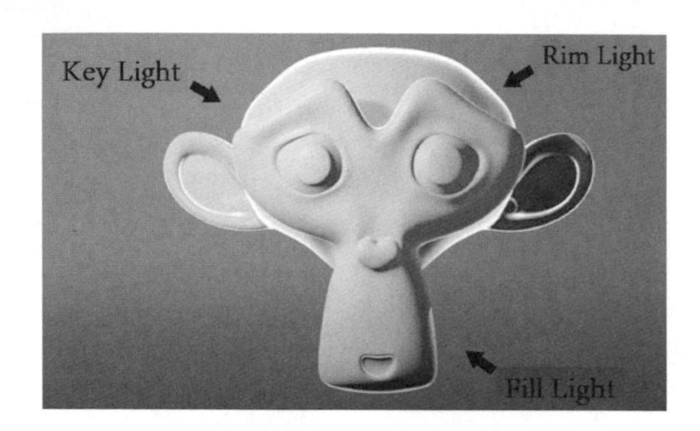

▲ 圖 7-9 三點光放置示意圖

透過上述調整，透過光影的不同層次將人物立體地顯示出來並突出主題人物。

在場景中增加一個攝像機，並將人物放置在舞台中央。匯入 bvh 檔案後，預覽人物動作動畫，進行場景的繪製（見圖 7-10）。目前 Blender 內建的繪製器有 Cycles 和 Render，這裡選擇 Cycles（基於物理計算的方式），以追求更出色的繪製效果。

▲ 圖 7-10 人物場景繪製範例圖

進行場景繪製的快速鍵如下：

- 按 Ctrl + F12 快速鍵進行動畫繪製。
- 按 F12 鍵進行圖片繪製。

7.4 實現和使用者互動——建構語音對話機器人

本案例的目的是實現和使用者互動，這裡我們使用 Alice 一個較為簡單的 AIML（Artificial Intelligence Markup Language）的對話機器人框架，透過階段來完成。AIML 採用了啟發式範本匹配的階段策略，並且其本身是一種為了確定回應和範本匹配進行規格訂製的資料格式。

安裝 Alice 的方式比較簡單，可以在 Python 環境下透過 Pip 命令進行安裝。

```
Pip install python-aiml
Pip install aiml
```

程式清單 7-1 Alice 模組載入

```
import sys
import os
import aiml

def get_module_dir(name):
    path = getattr(sys.modules[name], '__file__', None)
    if not path:
        raise AttributeError('module %s has not attribute __file__' % name)
    return os.path.dirname(os.path.abspath(path))
alice_path = get_module_dir('aiml') + '/alice'
```

```
alice = aiml.Kernel()
alice.learn("startup.xml")
alice.respond('開始載入ALICE')
while True:
    print alice.respond(raw_input("請開始輸入階段內容 >> "))
```

Alice 附帶的語料庫比較有限，讀者感興趣的話可以自行搜索更多有趣的語料庫，同時根據 Alice 官方的指南建立並使用自己的語料庫。

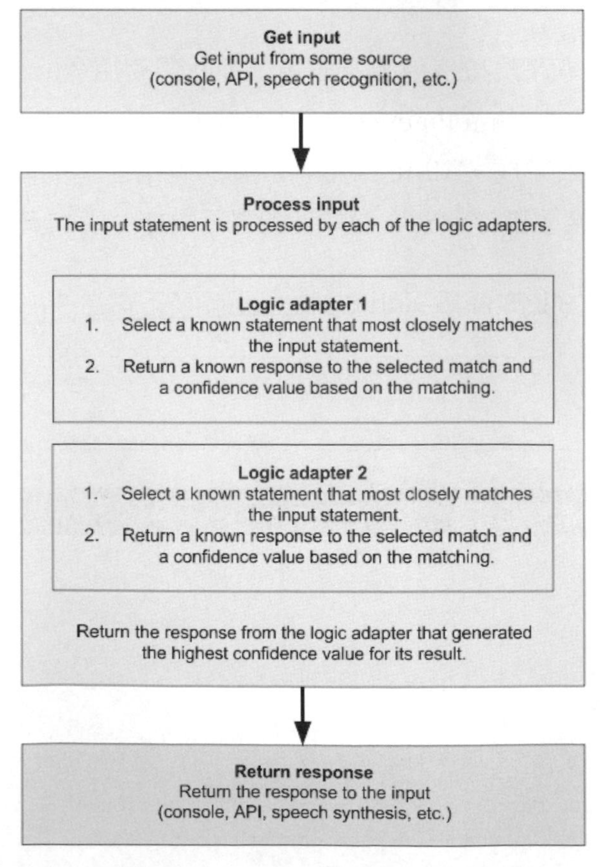

▲ 圖 7-11 ChatterBot 的處理流程

目前行業內的聊天機器人框架比較多，除了 Alice 之外，還有基於機器學習的聊天機器人框架 ChatterBot（見圖 7-11）以及 RASA（見圖 7-12）等。大多數機器學習的聊天框架包含了自然語言理解 NLU，透過對意圖（intent）和實體（entity）的有效辨識，對問題的回答進行預判，從而根據知識庫進行有效準確的回應。

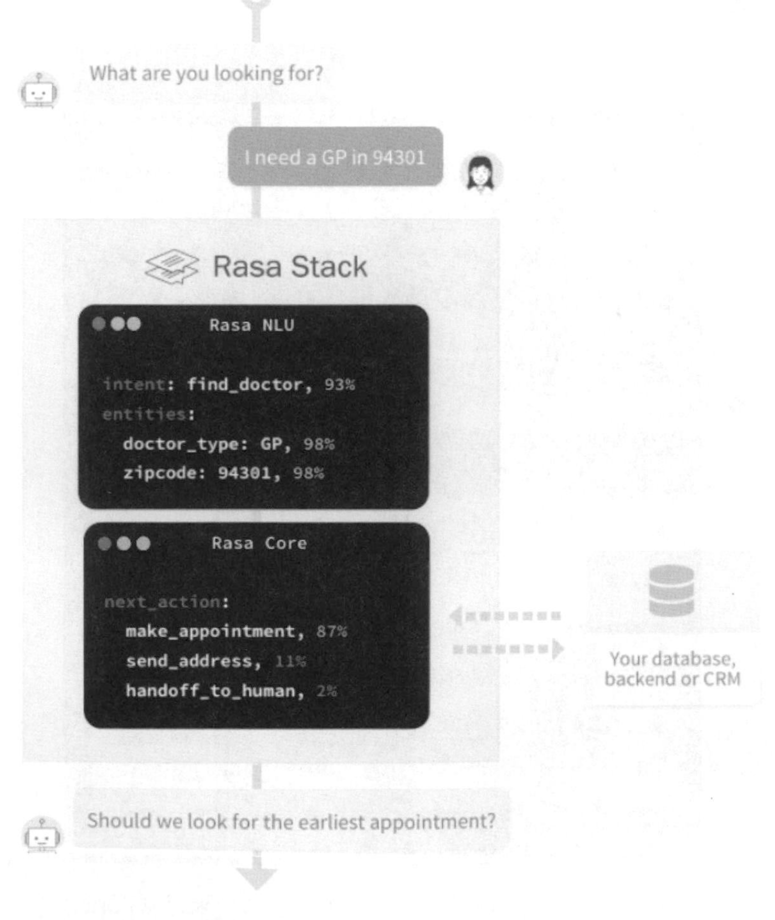

▲ 圖 7-12 RASA 的處理流程

7.5 嘴型對齊演算法應用

當我們看動畫或電影時，音畫同步是畫面的流暢和沉浸感的前提。有些場景下，動畫或譯製電影中人物的對話會讓人覺得不自然，大部分的情況下是因為人物角色的嘴型和聲音不一致導致畫面不同步。成熟的嘴型對齊方案也是互動性虛擬偶像成熟與否的關鍵所在，下面介紹目前業界採用的兩種方式來實現嘴型的對齊。

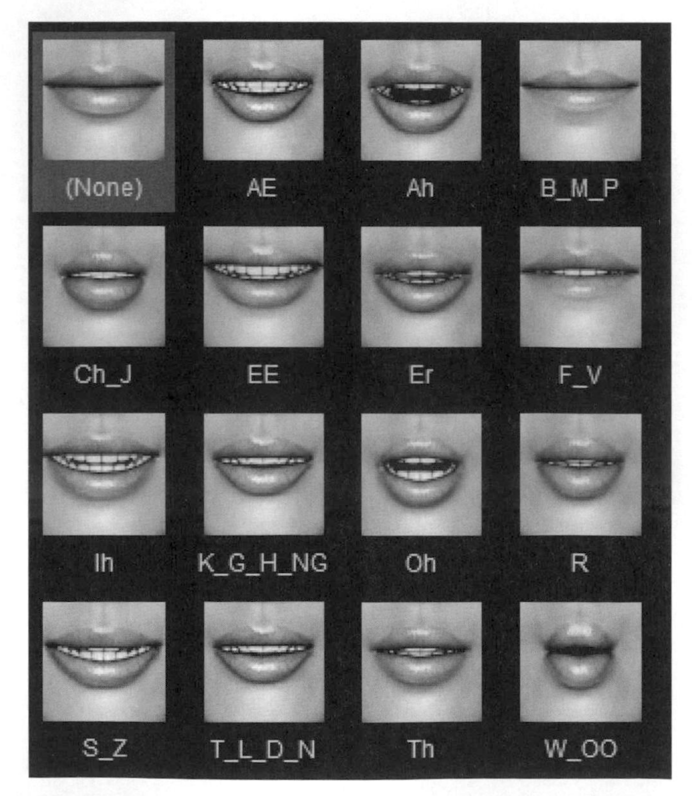

▲ 圖 7-13 一種音素和視素的映射方式（來自 iClone）

第一種是基於音素的處理方式（見圖 7-13），透過對 wav 檔案或即時音訊流進行分析，轉換成音素的集合，並且映射到預先定義好的視素空間。這裡視覺音素（視素，Viseme）用來描述發出對應聲音的面部動作，根據權重和母音出現的序列進而驅動模型動畫，透過預先創建好的音素動畫拼接成改造後的動畫影片。常見的嘴型過渡動畫可以使用餘弦插值方法來合成。

第二種是基於機器學習的 Wav 轉 Lip 實現（見圖 7-14）。該實現來自印度海德拉巴大學和英國巴斯大學的團隊，提供了一種基於 OpenCV 和 PyTorch 的音訊和嘴型同步的方案，實現了 State of the art，可以在無監督和標記的情況下實現很好的嘴型同步效果。透過人工評估，在 80% 的場景下優於傳統的對嘴型方式。目前該實現方案已經開放原始碼，感興趣的讀者可以自行嘗試用於學習和研究。

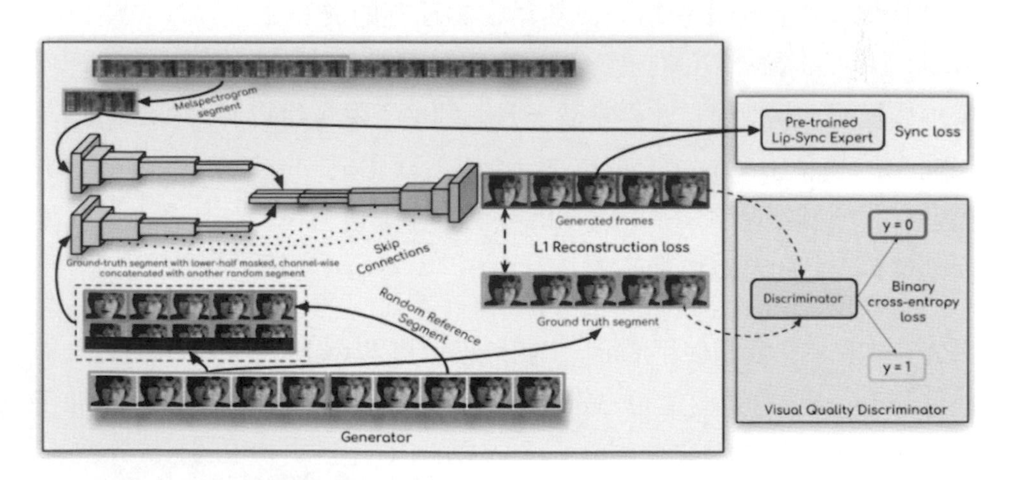

▲ 圖 7-14 Wave 轉 Lip 工作原理示意圖

› 7.6 模型部署

機器學習模型部署的方式很多，我們這裡採用 Restful API 實現脫離 3D 引擎的互動，建構我們和使用者互動的介面。考慮到傳統的機器學習推理對硬體的要求比較高，這裡我們使用 OpenVINO 在普通的雲端服務器上進行部署。

之前介紹的嘴型對齊演算法是透過 PyTorch 框架來實現的，目前 OpenVINO 還無法直接讀取 PyTorch 的模型。這裡採用先將 PyTorch 模型匯出成 ONNX 格式，然後轉成 OpenVINO 中可以支援的 IR 中間層格式。

本例採用 OpenVINO 進行模型部署。OpenVINO 是一套針對快速開發機器視覺、語音辨識引擎、自然語言處理等的開發工具集，特別針對 Intel 的硬體裝置做了最佳化。這裡主要利用模型最佳化器和模型推理引擎兩個模組。模型最佳化器主要一是個轉換工具，可以將預訓練好的其他框架的模型（TensorFlow 或 PyTorch）轉化成 OpenVINO 可辨識的模型格式。其推理引擎是一套 API 介面，可以包含模型讀取和載入、推理動作等介面的定義和實現。

另外在本例中，我們使用 Flask 來封裝模型提供 web 服務。Flask 是一種使用 Python 撰寫的羽量級 Web 應用框架，核心是 Werkzeug WSGI 工具箱和 Jinja2 範本引擎，目前相容 WSGI 1.0 並且支持 RESTful request 分發。另外，常見的身份驗證、ORM 等功能可以透過 Flask-Extention 進行彈性擴充，使用起來非常方便。

程式清單 7-2 Flask 的範例程式

```
from flask import Flask
app = Flask(__name__)

@app.route("/")
def hello():
    return "This is hello Test!"

if __name__ == "__main__":
    app.run()
```

根據圖 7-15 所示的流程圖將語音辨識引擎、對話機器引擎、嘴型同步框架以模組化的形式部署，透過 Restful API 的方式提供服務。當前端 App 或網頁辨識出使用者語音後，會透過對應的動畫影片進行回覆，透過後期調整對擬人化程度進行有效提升。

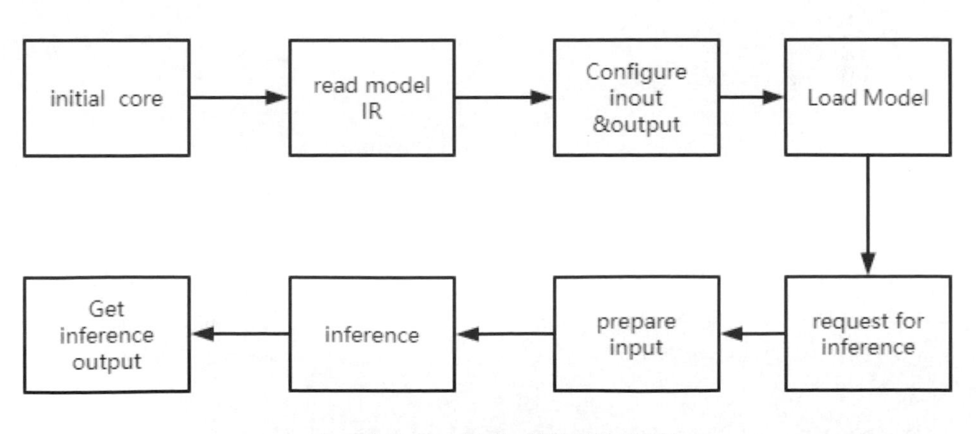

▲ 圖 7-15 互動式聊天流程圖

接下來我們用一段程式來說明整個模型部署和服務架設的過程。首先我們引入各種依賴庫（關於人臉檢測的模組採用 2.1.4 節的 FAN 框架），接下來載入 Alice 聊天模組（由於使用了 OpenVINO 深度學習工具套件，因此引入了推理模組 Inference Engine）。在實際使用過程中，我們可能需要對命令參數進行解析。引入 argparse 模組，這樣就可以在終端視窗中根據選擇輸入選項和參數。

程式清單 7-3 引入相關 Package 和入參定義

```
from flask import Flask, jsonify, request, redirect, render_template
import subprocess
import time
import face_detection
import argparse,cv2,audio
import numpy as np
from glob import glob
import json, subprocess, random, string
from tqdm import tqdm
import time

import os
import aiml
alice = aiml.Kernel()
alice.learn("startup.xml")
alice.respond('LOAD ALICE')

from openvino.inference_engine import IECore # , IENetwork
import logging as log

app = Flask(__name__)
exec_net= None
```

```
net = None
model = None
use_gpu = False
mel_step_size = 16

parser = argparse.ArgumentParser(description='Inference code')
parser.add_argument('--checkpoint_path', type=str,
              help='指定checkpoint檔案的路徑', default='TEST')

parser.add_argument('--face', type=str,
              help='指定影片檔案的路徑', default='TEST')
parser.add_argument('--audio', type=str,
              help='指定音訊檔案的路徑', default='TEST')
parser.add_argument('--outfile', type=str, help='輸出影片的路徑',
                    default='result_voice.mp4')

parser.add_argument('--static', type=bool,
              help='If True, then use only first video frame for
inference', default=False)
parser.add_argument('--fps', type=float, help='指定幀數(預設: 25)',
              default=25., required=False)

parser.add_argument('--face_det_batch_size', type=int,
              help='面部檢測Batch大小', default=16)
parser.add_argument('--wav_batch_size', type=int, help='音訊batch的大小
', default=128)

parser.add_argument('--resize_factor', default=1, type=int
      )

parser.add_argument('--crop', nargs='+', type=int, default=[0, -1, 0,
-1],
```

```
                help='裁剪影片到更精準的區域'
                'Useful if multiple face present.')

parser.add_argument('--box', nargs='+', type=int, default=[-1, -1, -1,
-1],
                help='初始化面部矩形框
                '語法: (top, bottom, left, right).')
args = parser.parse_args()
args.img_size = 96
```

接下來定義 datagen 函數，用於資料準備，其中的入參是影片幀和音訊的梅爾頻譜，變數 img_batch、mel_batch、frame_batch、coords_batch 分別用於存放人臉、音訊的梅爾頻譜、影片幀以及人臉線框的位置。由於面部檢測是一個比較耗時的工作，可能會影響即時互動的效率，這裡直接跳過面部檢測的步驟，而採用在 7.1.2 節定義好的表情影片部分，並將人臉檢測的結果保存下來直接用於嘴型匹配。

程式清單 7-4 資料準備

```
def datagen(frames, mels):
    img_batch, mel_batch, frame_batch, coords_batch = [], [], [], []

    if args.box[0] == -1:
        if not args.static:
            ##face_det_results = face_detect(frames)
            face_det_results = np.load('results.npy', allow_pickle=True)
        else:
            #_dets_face = detect_face([frames[0]])
            print('1')
    else:
```

```
        print('Using the specified bounding box instead of face
detection...')
        y1, y2, x1, x2 = args.box
        face_det_results = [[f[y1: y2, x1:x2], (y1, y2, x1, x2)] for f in
frames]

    for i, m in enumerate(mels):
        idx = 0 if args.static else i%len(frames)
        frame_to_save = frames[idx].copy()
        face, coords = face_det_results[idx].copy()

        face = cv2.resize(face, (args.img_size, args.img_size))
        print('face.shape='+str(face.shape))

        img_batch.append(face)
        mel_batch.append(m)
        frame_batch.append(frame_to_save)
        coords_batch.append(coords)

        if len(img_batch) >= args.wav_batch_size:
            img_masked = img_batch.copy()
            img_masked[:, args.img_size//2:] = 0

            img_batch = np.concatenate((img_masked, img_batch), axis=3) / 255.
            mel_batch = np.reshape(mel_batch, [len(mel_batch), mel_batch.
shape[1], mel_batch.shape[2], 1])

            yield img_batch, mel_batch, frame_batch, coords_batch
            img_batch, mel_batch, frame_batch, coords_batch = [], [], [], []

    if len(img_batch) > 0:
        img_batch, mel_batch = np.asarray(img_batch), np.asarray(mel_batch)
```

```
        img_masked = img_batch.copy()
        img_masked[:, args.img_size//2:] = 0

        img_batch = np.concatenate((img_masked, img_batch), axis=3) / 255.
        mel_batch = np.reshape(mel_batch, [len(mel_batch), mel_batch.
shape[1], mel_batch.shape[2], 1])

        yield img_batch, mel_batch, frame_batch, coords_batch
```

然後我們定義模型載入的方法，這裡主要的模型需要透過 OpenVINO 的模型最佳化工具轉換成 IR（Intermediate Representation）中間格式，以便於 OpenVINO 可以辨識和讀取。

程式清單 7-5 模型載入

```
def _model_load():
    global model
    global device
    device='cpu'
    if device == 'cuda':
        checkpoint = torch.load(checkpoint_path)
    else:
        checkpoint = torch.load(checkpoint_path,
                                map_location=lambda storage, loc: storage)
    #return checkpoint
    print("Load checkpoint from: {}".format(checkpoint_path))
    #checkpoint = _load(path)
    s = checkpoint["state_dict"]
    new_s = {}
    for k, v in s.items():
        new_s[k.replace('module.', '')] = v
```

```
    model.load_state_dict(new_s)

    model = model.to(device)
    #return model.eval()
    model=model.eval()
    if use_gpu:
        model.cuda()
    """
    '''
    將PyTorch改造成OpenVINO的格式
    '''
    model_xml = "checkpoints\gan_1201_b.xml"
    model_bin = "checkpoints\gan_1201_b.bin"

    # Plugin initialization for specified device and load extensions
library if specified
    print("Creating Inference Engine")
    ie = IECore()
    # Read IR
    print("Loading network files:\n\t{}\n\t{}".format(model_xml, model_
bin))
    global net
    net = ie.read_network(model=model_xml, weights=model_bin)
    #net = ie.read_network(model=onnx_model)
    #net.batch_size = 128

    # Loading model to the plugin
    print("Loading model to the plugin")
    global exec_net
    #exec_net = ie.load_network(network=net, device_name="CPU" )
    exec_net = ie.load_network(net, "CPU", {"DYN_BATCH_ENABLED": "YES"})
#support Dynamic shape
```

```
    global infer_request
    infer_request= exec_net.requests[0]

    # 檢查IR模型是否支援CPU
    supported_layers = ie.query_network(net, "CPU")
    not_supported_layers = [l for l in net.layers.keys() if l not in 
supported_layers]
    if len(not_supported_layers) != 0:
        print("Following layers are not supported by the plugin for 
specified device {}:\n {}".
              format('CPU', ', '.join(not_supported_layers)))
        sys.exit(1)
```

接下來定義 api 的方法供用戶端呼叫，這裡我們需要指定一個預先訂製好的影片部分（需要包含虛擬人物本身以及完整的面部顯示），同時需要指定返回的音訊檔案的位置。這裡的音訊檔案是指我們透過對話機器人獲取用戶端的問題，需要回覆給終端的回覆文字透過 TTS 引擎生成的人聲。然後遍歷影片部分的每一幀、對齊音訊檔案，透過呼叫嘴型對齊演算法進行對齊並將合成後的面部部分回寫到原影片上實現嘴型的變換。最後我們採用開放原始碼工具 ffmpeg 將生成的影片和音訊檔案合併成一個短影片部分。ffmpeg 提供了轉換和流式化影片、音訊的完整解決方案，經常會在影片、音訊處理中使用。

程式清單 7-6 影片轉換 API 的定義

```
def build_api_result(code, message, data,file_name,res_alice, run_
time):
    result = {
        "ret0": code,
        "ret1": message,
        "ret2": data,
```

```
        "ret3": file_name,
        "res_alice": res_alice,
        "run_time": run_time
    }
    return jsonify(result)

@app.route("/synt", methods=["POST"])
def synt():
    startTime=time.time()

    args.face='test_av/result-new.mp4'
    args.audio='test_av/a.wav'

    if not os.path.isfile(args.face):
        fnames = list(glob(os.path.join(args.face, '*.jpg')))
        sorted_fnames = sorted(fnames, key=lambda f: int(os.path.
basename(f).split('.')[0]))
        full_frames = [cv2.imread(f) for f in sorted_fnames]

    elif args.face.split('.')[1] in ['jpg', 'png', 'jpeg']:
        full_frames = [cv2.imread(args.face)]
        fps = args.fps

    else:
        video_stream = cv2.VideoCapture(args.face)
        fps = video_stream.get(cv2.CAP_PROP_FPS)

        print('讀取影片幀...')

        full_frames = []
        while 1:
            still_reading, frame = video_stream.read()
            if not still_reading:
                video_stream.release()
                break
            if args.resize_factor > 1:
```

```
            frame = cv2.resize(frame, (frame.shape[1]// args.resize_
factor, frame.shape[0]//args.resize_factor))

        y1, y2, x1, x2 = args.crop
        if x2 == -1: x2 = frame.shape[1]
        if y2 == -1: y2 = frame.shape[0]

        frame = frame[y1:y2, x1:x2]

        full_frames.append(frame)

  print ("Number of frames available for inference: "+str(len(full_
frames)))

  if not args.audio.endswith('.wav'):
     print('Extracting raw audio...')
     command = 'ffmpeg -y -i {} -strict -2 {}'.format(args.audio,
'temp/temp.wav')

     subprocess.call(command, shell=True)
     args.audio = 'temp/temp.wav'

  wav = audio.load_wav(args.audio, 16000)
  mel = audio.melspectrogram(wav)
  print(mel.shape)

  if np.isnan(mel.reshape(-1)).sum() > 0:
     raise ValueError('Pls try again')

  mel_chunks = []
  mel_idx_multiplier = 80./fps
  i = 0
```

```
    while 1:
        start_idx = int(i * mel_idx_multiplier)
        if start_idx + mel_step_size > len(mel[0]):
            break
        mel_chunks.append(mel[:, start_idx : start_idx + mel_step_size])
        i += 1

    print("Length of mel chunks: {}".format(len(mel_chunks)))
    full_frames = full_frames[:len(mel_chunks)]
    batch_size = args.wav_batch_size
    gen = datagen(full_frames.copy(), mel_chunks)
    for i, (img_batch, mel_batch, frames, coords) in enumerate(tqdm(gen,
                                        total=int(np.ceil(float(len(mel_
chunks))/batch_size)))):
        if i == 0:
            #model = load_model(args.checkpoint_path)
            #print ("Model loaded")

            frame_h, frame_w = full_frames[0].shape[:-1]
            out = cv2.VideoWriter('temp/result.avi',
                                cv2.VideoWriter_fourcc(*'DIVX'), fps, (frame_
w, frame_h))

            #print("save mel_batch-openvino.npy done")
            # Read and pre-process input images
            ##n, c, h, w = net.inputs[input_blob2].shape
            #images = np.ndarray(shape=(n, c, h, w))
        img_batch = np.transpose(img_batch, (0, 3, 1, 2))
        mel_batch = np.transpose(mel_batch, (0, 3, 1, 2))

        log.info("Preparing input blobs")
        input_it = iter(net.inputs)  # input_info
```

```
        input_img_blob = next(input_it)
        input_mel_blob = next(input_it)

        out_blob = next(iter(net.outputs))

        # Start sync inference
        log.info("Starting inference")
        #res = exec_net.infer(inputs={input_blob1: [mel_batch], input_
blob2: [img_batch]})
        #res = exec_net.infer(inputs=data)
        #inputs_count = len(img_batch)

        n, c, h, w = img_batch.shape
        infer_request.set_batch(n)
        print('n='+str(n))
        print('img_batch.shape= '+str(img_batch.shape))
        print('mel_batch.shape= '+str(mel_batch.shape))
        infer_request.inputs[input_mel_blob] = mel_batch
        infer_request.inputs[input_img_blob] = img_batch
        infer_request.infer()
        tmp_pred= infer_request.outputs[out_blob][:n]
        print('tmp_pred='+str(tmp_pred.shape))
        pred=tmp_pred.transpose(0, 2, 3, 1) * 255.
        np.save("mel_batch-openvino.npy",mel_batch)
        print("save mel_batch-openvino.npy done")
        np.save("pred-openvino.npy", pred)
        print("save pred-openvino.npy done")

    command = 'ffmpeg -y -i {} -i {} -strict -2 -q:v 1 {}'.format(args.
audio, 'tmp/result.avi', args.outfile)
    subprocess.call(command, shell=True)
```

```
    endTime=time.time()
    run_time = endTime-startTime
    print('sync video time cost : %.5f sec' %run_time)
    return build_api_result(0,0,0,0,0,run_time)

#input the chat content
@app.route('/full_and_synt', methods=['POST'])
def full_and_synt():
    req = request.form['req']
    #res=alice.respond(input("Enter your message >> "))
    res=alice.respond(req)
    #print(res)
    #return res
    begin_time = time.clock()
    #Use Azure TTS for speeding
    a=Text2Voice(res)
    a.Voicefunc()
    ret0=0

    ret1=0
    synt()
    ret2=0
    ret3=0
    end_time = time.clock()
    run_time = end_time-begin_time

    if ret0 == 0:
        return build_api_result(ret0, ret1, ret2,ret3,res, run_time)
    else:
        return "error:"+str(ret0)
```

```
if __name__ == '__main__':
    app.debug = True
    load_model()
    app.run(host='127.0.0.1')
```

7.7 服務呼叫和測試

到本節我們已經完成互動式虛擬人物的創建、動作預製和模型部署過程，接下來可以採用前端頁面或 App（見圖 7-16）對我們的服務進行呼叫：用戶端透過語音輸入，透過 ASR 語音辨識引擎辨識使用者語言，傳遞參數給我們定義好的 API 方法，API 返回已經匹配好的影片資源進行前端呈現，從而完成一次整個虛擬偶像互動過程。在客戶無語音輸入時，可以採用預設的靜默影片部分進行播放，從而提高互動的平滑度。

▲ 圖 7-16 前端 App 呼叫示意圖

7.8 小結

至此，我們已經從理論知識和實戰專案介紹了行業內製作虛擬偶像的方法，並且從呈現形式上介紹了 3D 偶像的製作和讓虛擬形象動起來的技術實現細節。透過 3D 模型的創建、建構對話機器人、語音辨識和嘴型對齊演算法，以及模型部署和呼叫，介紹了一個完整的互動式虛擬偶像的製作閉環。

Appendix

A

參考文獻

[1] Henry A Rowley, Shumeet Baluja, Takeo Kanade. Neural network-based face detection, IEEE Transactions on Pattern Analysis and Machine Intelligence. 1998.

[2] Henry A Rowley, Shumeet Baluja, Takeo Kanade. Rotation invariant neural network-based face detection, computer vision and pattern recognition, 1998.

[3] Cao Z, Hidalgo G, Simon T, et al. OpenPose: Realtime Multi-Person 2D Pose Estimation using Part Affinity Fields[J]. IEEE Transactions on Pattern Analysis and Machine Intelligence, 2018.

[4] Bulat, Adrian and Tzimiropoulos, Georgios.Binarized convolutional landmark localizers for human pose estimation and face alignment with limited resources[J].The IEEE International Conference on Computer Vision (ICCV), 2017.

[5] https://www.blendermarket.com/products/faceit.

[6] https://www.reallusion.com/character-creator/.

[7] https://www.unrealengine.com/.

[8] https:// www.blender.org/.

[9] https://baike.baidu.com/item/%E8%99%9A%E6%8B%9F%E5%81%B6%E5%83% 8F/50210796.

[10] 中國人工智慧產業發展聯盟整體組和中關村數智人工智慧產業聯盟數字人工作委員會 [R]. 2020 年虛擬數字人發展白皮書，2020.

[11] 初音未來：https://zh.moegirl.org.cn/%E5%88%9D%E9%9F%B3%E6%9C% AA%E6%9D%A5.

[12] 洛天依：https://zh.moegirl.org.cn/%E6%B4%9B%E5%A4%A9%E4% BE%9D.

[13] 絆愛：https://zh.moegirl.org.cn/%E7%BB%8A%E7%88%B1.

[14] 小希：https://zh.moegirl.org.cn/%E5%B0%8F%E5%B8%8C%E5%B0%8F% E6%A1%83.

[15] https://docs.live2d.com/?locale=zh_cn.

[16] https://www.blender.org/support/.

[17] https://cloud.blender.org/p/characters/.

[18] https://ibug.doc.ic.ac.uk/resources/300-W/.

[19] Kudo Y, Ogaki K, Matsui Y, et al. Unsupervised Adversarial Learning of 3D Human Pose from 2D Joint Locations[J]. 2018.

[20] 陳義新 . 人體動作捕捉系統軟體設計 [D]. 大連理工大學，2017.

[21] 石樂民 . 無標記面部表情捕捉系統關鍵技術研究 [D]. 長春理工大學，2017.

[22] https://developer.apple.com/cn/documentation/arkit/.

[23] https://facerig.com/docs/facerig-studio-docs/.

[24] Deng J, Guo J,Ververas E,et al. RetinaFace: Single-Shot Multi-Level Face Localisation in the Wild[C]// 2020 IEEE/CVF Conference on Computer Vision and Pattern Recognition (CVPR). IEEE, 2020.

[25] Siarohin A, S Lathuilière, Tulyakov S,et al.First Order Motion Model for Image Animation[J]. 2020.

[26] Newell A, Yang K, Jia D.Stacked Hourglass Networks for Human Pose Estimation[C]// European Conference on Computer Vision. Springer International Publishing, 2016.

Note

Note

Note

Note